中等职业学校计算机系列教材

zhongdeng zhiye xuexiao jisuanji xilie jiaocai

Dreamweaver 8 中文版
网页制作

王正成 主编 尹晓东 周建 副主编

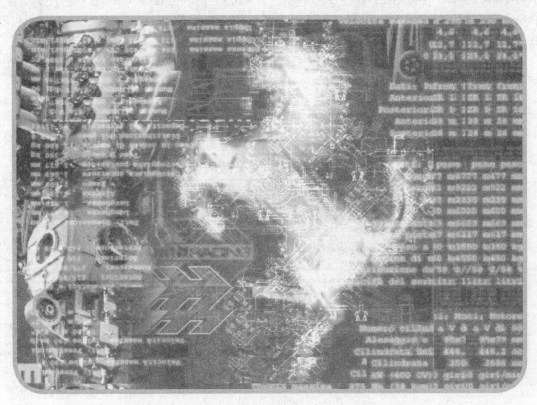

人民邮电出版社

北京

图书在版编目（CIP）数据

Dreamweaver 8中文版网页制作 / 王正成主编. ——
北京：人民邮电出版社，2009.10
（中等职业学校计算机系列教材）
ISBN 978-7-115-21306-8

Ⅰ. ①D… Ⅱ. ①王… Ⅲ. ①主页制作－图形软件，
Dreamweaver 8－专业学校－教材 Ⅳ. ①TP393.092

中国版本图书馆CIP数据核字（2009）第168803号

内　容　提　要

本书采用机房上课的教学形式，通过大量案例来介绍Dreamweaver 8的使用方法和应用技巧。全书共
18讲，分别介绍了Dreamweaver 8的站点管理、表格框架、文本图像、超级链接、层、多媒体技术、CSS
样式表、模板和库、行为动画、时间轴动画、网页表单、动态网页、扩展插件以及数据库等内容。本书最
大的特点就是打破了传统教材的写作方法，围绕两个具有代表性的小型网站的页面制作和建设过程，将
Dreamweaver 8所涉及的基本知识串联起来，以实例操作方式进行讲解。本书在内容的安排上循序渐进、
图文并茂、通俗易懂，让读者边学边练，在实际操作中掌握软件的使用方法。

本书适合作为中等职业学校"网页设计与制作"课程的教材，也可以作为各类网站设计培训班的
培训教材。

中等职业学校计算机系列教材

Dreamweaver 8 中文版网页制作

◆ 主　　编　王正成

　副主编　尹晓东　周　建

　责任编辑　王　平

◆ 人民邮电出版社出版发行　　北京市崇文区夕照寺街14号
　邮编　100061　　电子函件　315@ptpress.com.cn
　网址　http://www.ptpress.com.cn
　北京昌平百善印刷厂印刷

◆ 开本：787×1092　1/16
　印张：14.5
　字数：378千字　　　　　　　2009年10月第1版
　印数：1－3 000册　　　　　2009年10月北京第1次印刷

ISBN 978-7-115-21306-8

定价：24.00元

读者服务热线：**(010)67170985**　印装质量热线：**(010)67129223**
反盗版热线：**(010)67171154**

序

中等职业教育是我国职业教育的重要组成部分，中等职业教育的培养目标定位于具有综合职业能力，在生产、服务、技术和管理第一线工作的高素质的劳动者。

中等职业教育课程改革是为了适应市场经济发展的需要，是为了适应实行一纲多本，满足不同学制、不同专业和不同办学条件的需要。

为了适应中等职业教育课程改革的发展，我们组织编写了本套教材。本套教材在编写过程中，参照了教育部职业教育与成人教育司制订的《中等职业学校计算机及应用专业教学指导方案》及职业技能鉴定中心制订的《全国计算机信息高新技术考试技能培训和鉴定标准》，仔细研究了已出版的中职教材，去粗取精，全面兼顾了中职学生就业和考级的需要。

本套教材注重中职学校的授课情况及学生的认知特点，在内容上加大了与实际应用相结合案例的编写比例，突出基础知识、基本技能，软件版本均采用最新中文版。为了满足不同学校的教学要求，本套教材采用了两种编写风格。

- "任务驱动、项目教学"的编写方式，目的是提高学生的学习兴趣，使学生在积极主动地解决问题的过程中掌握就业岗位技能。
- "传统教材+典型案例"的编写方式，力求在理论知识"够用为度"的基础上，使学生学到实用的基础知识和技能。
- "机房上课版"的编写方式，体现课程在机房上课的教学组织特点，使学生在边学边练中掌握实际技能。

为了方便教学，我们免费为选用本套教材的老师提供教学辅助资源，包括内容如下。

- 电子课件。
- 按章（项目或讲）提供教材上所有的习题答案。
- 按章（项目或讲）提供所有实例制作过程中用到的素材。书中需要引用这些素材时会有相应的叙述文字，如"打开教学辅助资源中的图片'4-2.jpg'"。
- 按章（项目或讲）提供所有实例的制作结果，包括程序源代码。
- 提供两套模拟测试题及答案，供老师安排学生考试使用。

老师可登录人民邮电出版社教学服务与资源网（http://www.ptpedu.com.cn）下载相关教学辅助资源，在教材使用中有什么意见或建议，均可直接与我们联系，电子邮件地址是fujiao@ptpress.com.cn，wangping@ptpress.com.cn。

中等职业学校计算机系列教材编委会

2009 年 7 月

前　言

本书针对中职学校在机房上课的这一教学环境编写而成，从体例设计到内容编写，都进行了精心的策划。

本书编写体例依据教师课堂的教学组织形式而构建：知识点讲解→范例解析→课堂练习→课后作业。

- 知识点讲解：简洁地介绍每讲的重要知识点，使学生对软件的操作命令有大致的了解。
- 范例解析：结合知识点，列举典型的案例，并给出详细的操作步骤，便于教师带领学生进行练习。
- 课堂练习：在范例讲解后，给出供学生在课堂上练习的题目，通过实战演练，加深对操作命令的理解。
- 课后作业：精选一些题目供学生课后练习，以巩固所学的知识，达到举一反三的目的。

本教材所选案例是作者多年教学实践经验的积累，案例由浅入深，层层递进。按照学生的学习特点组织知识点，讲练结合，充分调动学生的学习积极性，提高学习兴趣。

为了方便教师教学，本书配备了内容丰富的教学资源包，包括所有案例的素材、重点案例的演示视频、PPT 电子课件等。老师可登录人民邮电出版社教学服务与资源网（www.ptpedu.com.cn）免费下载使用，或致电 67143005 索取教学辅助光盘。

本课程的教学时数为 72 学时，各讲的参考课时见下表。

讲	课 程 内 容	课 时 分 配
第 1 讲	网页设计基础知识	2
第 2 讲	走进 Dreamweaver 8	4
第 3 讲	站点管理	4
第 4 讲	用表格设计页面	4
第 5 讲	文本应用	4
第 6 讲	图像处理	4
第 7 讲	应用超级链接	4
第 8 讲	框架的使用	4
第 9 讲	层的使用	4
第 10 讲	应用多媒体技术	4
第 11 讲	CSS 样式	4
第 12 讲	模板和库	4
第 13 讲	行为的应用	4
第 14 讲	时间轴的应用	4
第 15 讲	制作网页表单	4
第 16 讲	制作动态网页	4
第 17 讲	使用 Dreamweaver 扩展	4
第 18 讲	综合实例	6
课 时 总 计		72

本书由王正成担任主编，尹晓东、周建任副主编，参加编写工作的还有沈精虎、张军、王读祥、杨明军、李建益、李磊、张捍卫、张铁梅、梁枫、王照泉、徐青、计晓明、滕玲等。

本书审稿老师有惠州商业学校冯理明老师、绍兴市职教中心迮勤老师、长沙电子工业学校胡爱毛老师、武汉市第一职业教育中心张玉琴老师、青岛电子学校范曙光老师，在此表示衷心感谢。

由于编者水平有限，书中难免存在错误和不妥之处，恳切希望广大读者批评指正。

编　者

2009 年 7 月

目　录

第 **1** 讲

网页设计基础知识

【学习目标】

- 通过浏览搜狐等著名网站的页面来学习页面的组成元素。

- 在记事本中编辑好代码保存为 HTML 文档后在浏览器中浏览。

- 在浏览器中执行【查看】/【源文件】命令可以直接查看页面的代码。

1.1 网页基础知识

随着 Internet 的迅速发展和普及，网络已成为一种全新的信息传播途径，为人们的工作、生活带来了极大的便利。目前，越来越多的企业或个人建立了自己的网站，越来越多的人开始习惯从互联网上获取各种各样的信息。网络也是展现企业和个人的舞台，无论是企业还是个人都希望在 Internet 中拥有一席之地，这样，创建网站、设计主页对企业来说是一个必要任务，对个人来说是一种潮流。

用户创建网站、设计主页，必须掌握一门设计制作技能，Dreamweaver 8 就是这样的一种技能。在学习使用 Dreamweaver 8 设计主页制作网站之前，本节先来了解一些网络的基本知识。

1.1.1 知识点讲解

一、 Internet

Internet（国际互联网）是一个由各种不同类型和规模的独立运行和管理的计算机网络组成的全球范围的计算机网络系统，这些网络通过普通电话线、高速率专用线路、卫星、微波和光缆等通信线路连接起来。

Internet 为人们提供了巨大的并且还在不断增长的信息资源和服务工具宝库，用户可以利用其提供的各种工具去获取 Internet 巨大的信息资源，任何一个地方的任意一个用户都可以从 Internet 中获得信息。

二、 WWW

WWW（World Wide Web）可直译为"环球信息网"，也称"万维网"，它是 Internet 的多媒体信息查询工具，是近年才发展起来的服务，也是发展最快和目前使用最广的服务。通过 WWW，人们使用简单的方法就可以迅速、方便地取得丰富的信息资料。用户利用 WWW 通过浏览器访问信息资源的过程中，无须再关心一些技术性的细节，其界面非常友好，因而 Web 在 Internet 上一推出就受到了热烈的欢迎，并得到了迅速发展。

三、 浏览器

浏览器（Browser）实际上是一个软件程序，用于与 WWW 建立连接，并与之进行通信。它可以在 WWW 系统中根据链接确定信息资源的位置，并将用户感兴趣的信息资源取回来，对 HTML 文件进行解释，然后将文本、图像或者多媒体信息还原出来。

目前 WWW 环境中使用最多的浏览器主要有两个：一个是 Netscape 公司的 Navigator，另一个是 Microsoft 公司的 Internet Explorer。

四、 HTTP

HTTP（Hyper Text Transfer Protocol，超文本传输协议）定义了信息如何被格式化、如何被传输，以及在各种命令下服务器和浏览器所采取的响应。浏览网页时，在浏览器地址栏中输入的 URL 都是以"http://"开始的。

五、 URL

URL（Uniform Resource Locator，统一资源定位器）是我们通常所说的网址，用于指明资源在互联网上的取得方式与位置。URL 好比 Internet 的门牌号码，它可以帮助用户在 Internet 的信息海洋中定位到所需要的资源。

其格式为：通信协议://服务器地址:通信端口/路径/文件名

例如 " http://www.bbfubao.cn/fubao_product/list.htm " 意思是采用 HTTP 从名为 "www.bbfubao.cn" 的服务器上的 "fubao_product" 目录中获得 "list.htm" 文件。

六、 网站、网页、主页

(1) 网站

通常把一系列逻辑上可以视为一个整体的网页集合叫做网站。小型网站是指带有一定主题的多个网页集合，大型网站还包含数据库和服务器端应用程序等。

(2) 网页

网页的学名为 HTML 文件，是一种可以在互联网上传输，并被浏览器识别和翻译，以页面形式显示出来的文件。HTML（Hypertext Markup Language）中文译为 "超文本标记语言"，"超文本" 就是指页面内可以包含图片、链接甚至音乐、程序等非文本的元素。

(3) 主页

打开一个网站，首先进入其主页。网站的主页就是我们通常所说的首页，它既是一个单独的网页，具有普通网页的特点，又是整个网站文件的起始点和汇总点，是访问者浏览网站开始的地方。主页主要包括网站的概述、网站所包含的主要内容以及各种信息向导。访问者在看到主页后，便对这个网站有一个大致的了解，以确定需要哪方面的内容，知道如何去查找。

七、 IP、域名

IP 地址是 Internet 上主机地址的数字形式，能唯一确定 Internet 上每台计算机的位置。IP 地址由 32 位的二进制数组成，将 32 位数中每 8 位为一组，用十进制形式表示，利用 "." 分割各部分。例如 26.62.175.212 和 192.168.0.1。

为了帮助用户记忆 IP 地址，Internet 提供了一种域名系统 DNS（Domain Name System），为主机分配一个由多个部分组成的域名。域名和 IP 地址是一一对应的，域名易于记忆，用得更普遍。当用户要和 Internet 上的某台计算机交换信息时，只需在浏览器的地址栏中输入相应的域名，服务器会自动将其转成 IP 地址，找到该台计算机。

八、 静态网页与动态网页

根据网页是否含有程序代码，可以将网页简单地划分为静态网页和动态网页，前者使用的是静态网页设计技术，也就是说，网页主要使用 HTML（Hypertext Markup Language，超文本标记语言）来完成；而后者使用了包括 ASP、JSP 或 PHP 在内的动态网页开发技术。

1.1.2 范例解析——认识网页

本节通过打开互联网的主页及其子网页，来介绍互联网上的资源和服务，进而对互联网有一个直观的感性认识。

范例操作

1. 在计算机桌面上双击浏览器图标 ，打开浏览器窗口。
2. 在浏览器的地址栏中输入网址 "http://www.sohu.com"，然后单击 转到 按钮或按 Enter 键，则浏览器会打开搜狐网站的主页，如图 1-1 所示。
3. 从网页上可以看到，搜狐主页提供了包括新闻、娱乐、体育、商业、生活等各种各样的信息和资源，用户可以单击感兴趣的内容，然后进入相应的栏目中浏览。这种站点一般被称为门户网站。

图1-1　打开的搜狐主页

4. 单击【短信】链接，打开搜狐的短信子页面，如图 1-2 所示，其中罗列了手机屏保、铃声、贺卡、手机游戏等各种手机短信业务和服务。

图1-2　短信子页面

5. 单击页面右上角的 ☒ 按钮，即可将页面关闭。

【知识链接】

通过浏览搜狐网站可以看出，一个网站有一个总的门户页面，也就是主页，主页中链接着许许多多的子网页，它们共同组成了一个网站系统。

从该网页中还可以看出，页面的主要构成元素有文本、图像、超级链接、动画、音乐、视频以及表单等。

(1) 文本：文本是网页中用于陈述或者说明的文字，它是网页信息的主要载体和交流工具，网页中的信息主要以文本为主。

(2) 图像：图像是网页的第 2 大组成元素，插入图像可以使页面图文并茂、丰富多彩，增强视觉效果和表现力。

（3）超级链接：超级链接是网页中最常用到的元素，通过超级链接可以实现页面的跳转。超级链接可以定义到文本、图像、按钮等对象上，当鼠标指针移到超级链接对象上时，指针就变成了 👆 状，单击对象即可跳转。

（4）动画：在网页中添加动画，可以极大地吸引浏览者的注意力，如广告动画。网页中的动画形式主要有两种：一是 GIF 动画，二是 Flash 动画。

（5）音乐与视频：音乐与视频也是网页的一个重要组成部分，可以增加视觉和听觉的感官享受。

（6）表单：表单（如搜索框、留言本等）主要用来接收浏览者输入的信息，以实现网页的交互功能。

1.1.3　课堂练习——浏览新浪网站主页

本节结合网页的基本概念和基本的组成元素，浏览新浪网站首页，如图 1-3 所示。

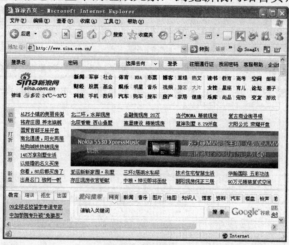

图1-3　新浪首页

操作提示

1.　在浏览器的地址栏中输入网址"http://www.sina.com.cn"，然后按 Enter 键，在浏览器中打开新浪网站的主页。
2.　观察并指出页面的组成元素。

1.2　HTML 基础

HTML 语言是网页制作的基础，它是一种描述性语言，使用一系列的标签来描述各种内容，创建可被浏览器识别和表现的网页文件。

1.2.1　知识点讲解

HTML（Hypertext Marked Language，超文本标记语言）是一种用来制作超文本文档的简单标记语言。用 HTML 编写的超文本文档称为 HTML 文档，它能独立于各种操作系统平台，可以通过 Web 浏览器查看效果。

所谓超文本，是因为它可以加入图片、声音、动画、视频等内容。HTML 并不是一种程序语言，它只是一种排版网页中资源显示的结构语言，易学易懂，非常简单。

创建 HTML 文件十分简单，在普通的 Windows 记事本、写字板程序中都可以进行编辑。目前，有许多图形化的网页开发工具（如 Dreamweaver、FrontPage 等）能够采用"所见即所得"的方法，直接处理网页，而不需要编写烦琐的标记，这使得用户在没有 HTML 语言基础的情况下，照样可以编写网页。但这些工具在自动生成网页时，往往会产生一些垃圾代码，从而降低了网页的效率。因此，掌握一定的 HTML 知识，对于网页的设计、编辑和理解，具有重要的意义。

1.2.2　范例解析（一）——HTML 页面的基本结构

下面通过一段 HTML 语言代码来了解 HTML 页面的基本结构。本例要制作的 HTML 页面效果如图 1-4 所示。

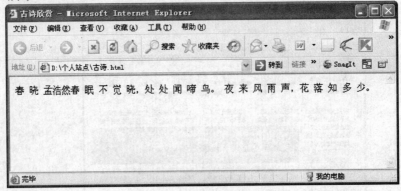

图1-4　浏览 HTML 页面

范例操作

1. 打开 Windows 记事本，输入如图 1-5 所示的内容，这就是典型的 HTML 代码。
2. 将文件保存为"古诗.html"，文件图标如图 1-6 所示，这就是常见的网页文件。

图1-5　编写代码

图1-6　HTML 文件

3. 双击该文件，在浏览器中打开网页，显示效果如图 1-4 所示。

【知识链接】

下面对 HTML 语言的基本结构进行简单的分析和说明。

- <html>...</html>：用于声明 HTML 文件的语法格式。每一个 HTML 文件都必须以此标签来声明。

- <head>…</head>：用于声明文件头的语法格式。在该标签内的所有内容都属于网页文件的文件头，不会出现在网页内。
- <title>…</title>：用于声明文件标题。在该标签内的内容，都将出现在网页最上面的标题栏中。
- <body>…</body>：用于声明文件主体。该标签中的内容是网页文件的主体，会被显示在浏览器的窗口中。
- 几乎每一种 HTML 都是以 "<>" 开头，以 "</>" 结束。在编辑 HTML 的过程中，也可以使用注释，其语法格式为 "<!-文件注释>"，中间的内容只是解释说明，而不会被浏览器编译和显示。

从上面的例子中可以看到，虽然文本在编辑时是以某种格式排列，但是在浏览器中却没有该格式。这说明记事本不是一种 "所见即所得" 的编辑工具。通过在 HTML 代码中添加适当的格式定义标签，就能够确定浏览器中内容的格式。

1.2.3 范例解析（二）——HTML 页面的格式标签

本节来为古诗添加格式标记，将古诗居中、分行显示，设置不同的字体和色彩，效果如图 1-7 所示。

图1-7 浏览 HTML 文件

范例操作

1. 用 Windows 记事本打开 "古诗.html"。
2. 在代码中添加 "<center>…</center>"、"<br>" 等格式标签，如图 1-8 所示。
3. 在代码中继续添加修饰格式标签，如图 1-9 所示。

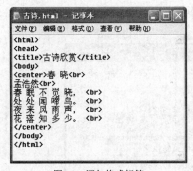

图1-8 添加格式标签

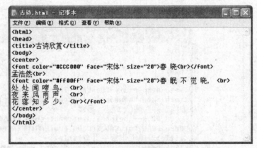

图1-9 添加修饰格式标签

4. 将古诗另存为 "古诗_1.html"，然后双击文件图标，在浏览器中查看效果如图 1-7 所示。

【知识链接】

HTML 中有许多格式标签，常用的有居中、换行、色彩、大小、字体、链接等，利用它们可以有效地控制内容的显示。由于格式标签多而复杂，一般很难完全记忆。Dreamweaver 等开发工具能够自动添加格式标签，所以一般只需要了解这些格式标签的用途就可以了。

HTML 的标签分单标签和成对标签两种。成对标签是由始标签 "<标签名>" 和尾标签 "</标签名>" 组成的，成对标签的作用域只作用于这对标签中的文档。单独标签的格式为 "<标签名>"，在相应的位置插入元素就可以了。

　　大多数标签都有自己的一些属性，属性要写在始标签内，用于进一步改变显示效果，各属性之间无先后次序，属性是可选的，属性也可以省略而采用默认值，其格式如下：

　　　　<标签名字 属性1 属性2 属性3 …… >要设置的内容</标签名字>

　　作为一般的原则，大多数属性值不用加双引号。但是如果包含空格、"%"、"＃"等特殊字符的属性值必须加双引号。为了养成良好的习惯，建议对属性值都加双引号。如：

　　　　<font color="#FFFFFF" face="宋体" size="20">要设置字体的文本内容</font>

　　下面列举几个常用的格式标签。

- <center>…</center>：内容居中的格式标签。
-
：内容换行的格式标签。
- <hr>：插入标尺线。
- <font color="#FFFFFF" face="宋体" size="20">…</font>：设置文本的颜色、字体和大小。
- <a href="url">…</a>：设置对象的超级链接。
- <img src="tu.jpg" alt="tupian" title="tupian" />：在网页中添加图片。

要点提示 输入始标签时，一定不要在"<"与标签名之间输入多余的空格，否则浏览器将不能正确识别括号中的标签命令，从而无法正确显示用户的信息。

1.2.4 课堂练习——查看页面代码

　　当用浏览器浏览网页时，浏览器读取网页中的程序、分析语法结构，然后将其解析为HTML代码，再显示相应内容。用户可以使用浏览器直接查看页面的源代码。

操作提示

1. 在浏览器中打开网页，执行【查看】/【源文件】命令。
2. 在记事本中查看网页的 HTML 代码，如图 1-10 所示。

图1-10　查看源代码

1.3 网页设计工具——Dreamweaver 8

自己用记事本编写页面代码，要求高、难度较大，初学者不易掌握，为了克服这一困难，用户可以使用 Dreamweaver 8，利用它的可视化功能直接设计出精美的页面。

1.3.1 Dreamweaver 8 功能简介

Dreamweaver 8 是一款优秀的"所见即所得"式的网页编辑器，用于对 Web 站点、Web 页和 Web 应用程序进行设计、编码和开发。无论用户乐于享受手工编写 HTML 代码时的驾驭感，还是偏爱在可视化编辑环境中工作，Dreamweaver 都会为用户提供有用的工具，使用户拥有更加完美的 Web 创作体验。

利用 Dreamweaver 的可视化编辑功能，用户可以快速地创建页面而无需编写任何代码。用户可以查看所有站点元素或资源并将它们从易于使用的面板直接拖曳到文档中。用户可以在 Macromedia Fireworks 或其他图形应用程序中创建和编辑图像，然后将它们直接导入 Dreamweaver，或者添加 Flash 对象，从而优化用户的开发流程。

Dreamweaver 还提供了功能全面的编码环境，其中包括代码编辑工具（例如代码颜色和标签完成）以及有关层叠样式表（CSS）、JavaScript 和 ColdFusion 标记语言（CFML）等语言参考资料。Dreamweaver 的可自由导入导出 HTML 技术可导入用户手工编码的 HTML 文档而不会重新设置代码的格式，用户可以随后用首选的格式设置来重新设置代码格式。

用户还可以使用 Dreamweaver 的服务器技术（如 CFML、ASP.NET、ASP、JSP 和 PHP）生成由动态数据库支持的 Web 应用程序。

Dreamweaver 可以完全自定义。用户可以创建自己的对象和命令，修改快捷键，甚至编写 JavaScript 代码，用新的行为、属性检查器和站点报告来扩展 Dreamweaver 的功能。

1.3.2 Dreamweaver 8 的新增功能

Dreamweaver 8 包含了许多新增的功能，这些新增功能改善了软件的易用性，使用户无论处于设计环境还是编码环境都可以方便地制作页面。Dreamweaver 使复杂的技术变得简单而方便，帮助设计者达到事半功倍的效果。

下面是 Dreamweaver 8 中的一些主要新增功能。

- 缩放：使用缩放可以更好地控制设计。放大并检查图像，或使用复杂的嵌套表格布局；缩小可预览页面的显示方式。
- 辅助线：使用辅助线来测量页面布局，将页面布局和页面模型加以比较，精度可达像素级别。可视化反馈有助于准确地测量距离，并且支持智能对齐。
- 新的标准 CSS 面板：可以通过新的标准 CSS 面板集中学习、了解和使用以可视化方式应用于页面的 CSS 样式。全部 CSS 功能已合并到一个面板集合中，并已得到增强，可以更加轻松、更有效率地使用 CSS 样式。使用新的界面可以更方便地看到应用于具体元素的样式层叠，从而能够轻松地确定在何处定义属性。属性网格允许进行快速编辑。
- CSS 布局可视化：在设计时应用可视化助理来描画 CSS 布局边框或为 CSS 布局加上颜色。应用可视化助理可揭示出复杂的嵌套方案，并改善所选内容。单击 CSS

布局可看到十分有用的工具提示，这些提示有助于了解设计的控制元素。请参见使用 CSS 对页面进行布局。

- 代码折叠：通过隐藏和展开代码块，重点显示您想要查看的代码。
- "编码"工具栏：新的"编码"工具栏在"代码"视图一侧的沟槽栏中提供了用于常见编码功能的按钮。
- 后台文件传输：可以一边利用 Dreamweaver 8 将文件上传到服务器，一边继续对当前正在上传的文件进行修改操作，相互不受影响。
- Flash 视频：快速便捷地将 Flash 视频文件插入到 Web 页中。

1.4　课后作业

1. 打开记事本，在其中输入如图 1-11 所示的内容，然后保存为 HTML 文件，再双击打开，查看效果。

操作提示

(1) 新建一个记事本文件，输入如图 1-11 所示的代码。

图1-11　编写代码

(2) 保存为 HTML 的页面文件，然后双击打开，在浏览器中浏览。

2. 查看网易网站主页面的代码。

操作提示

(1) 在浏览器中打开网易主页面。

(2) 执行【查看】/【源文件】命令，在记事本中查看页面代码。

第 **2** 讲

走进 Dreamweaver 8

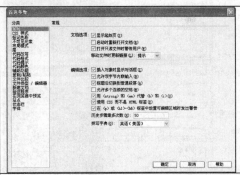

- 为了使用方便，符合个人需求，用户可以对软件的操作环境进行设置。

- 一个新文档被创建之后，预先设置页面属性，可以方便编辑网页内容。

- 设置好页面相关属性后，可以创建一个含有图片和文本的页面，作为个人站点的首页。

2.1　启动与退出

在学习 Dreamweaver 8 之前应先安装 Dreamweaver 8，安装方法与其他应用程序的安装基本相同，这里不再讲解。

2.1.1　知识点讲解

一、启动程序

在 Windows 桌面上执行【开始】/【所有程序】/【Macromedia】/【Macromedia Dreamweaver 8】命令即可启动 Dreamweaver 8，如图 2-1 所示。

> **要点提示**　如果桌面上已经有 Macromedia Dreamweaver 8 的快捷图标，那么用户就可以通过双击该图标来启动程序。

启动程序后，就打开了 Macromedia Dreamweaver 8 的起始页，如图 2-2 所示。

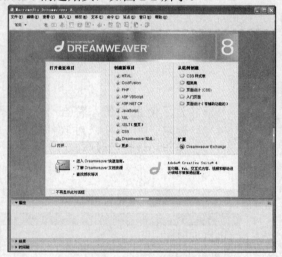

图2-1　启动程序　　　　　　　　图2-2　Dreamweaver 8 程序的起始窗口

二、退出程序

常用的退出 Dreamweaver 8 的方法有以下 4 种。

- 单击 Dreamweaver 8 窗口右上角的关闭按钮 ⊠。
- 单击 Dreamweaver 8 窗口左上角的图标 ，在打开的下拉菜单中执行【关闭】命令。
- 在 Dreamweaver 8 窗口中执行【文件】/【退出】命令。
- 当前活动窗口为 Dreamweaver 8 时，按 Alt + F4 组合键也可退出 Dreamweaver 8。

2.1.2　范例解析——打开与关闭网页文档

了解了 Dreamweaver 8 的启动与退出，下面来学习打开与关闭 Dreamweaver 8 文档的方法。

1.　启动 Dreamweaver 8，进入程序的起始页，执行【文件】/【打开】命令，打开【打开】对话框，如图 2-3 所示。

2. 找到需要打开的网页文档"古诗_1.html"，单击选中，然后单击 打开(O) 按钮，即可打开，如图 2-4 所示。

图2-3 【打开】对话框

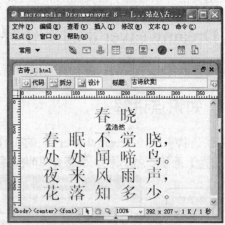

图2-4 打开文档

3. 编辑完文档后，可以单击文档工具栏上的 ✖ 按钮，关闭文档。若文档有改动则弹出如图 2-5 所示的提示框，询问是否保存改动。

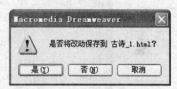

图2-5 保存提示框

4. 单击 是(Y) 按钮即可。

要点提示 单击文档工具栏上的 ✖ 按钮，关闭的是当前正在编辑的文档，程序并没有被关闭；单击主窗口标题栏上的 ✖ 按钮，关闭的是整个程序，当然文档也随之被关闭。

【知识链接】

一、 打开文档

打开文档常用以下几种方法。

(1) 在主窗口执行【文件】/【打开】命令，然后找到需要打开的文档。

(2) 右键单击需要打开的文档，在右键菜单中选择【使用 Dreamweaver 8 编辑】命令，也可在 Dreamweaver 8 中打开该文档，如图 2-6 所示。

若用户将要打开的文档是最近刚编辑过的，则可以通过以下两种方法打开。

(1) 执行【文件】/【打开最近的文件】命令，单击选中的文件即可，如图 2-7 所示。

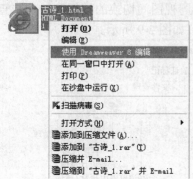

图2-6 使用右键菜单打开文档

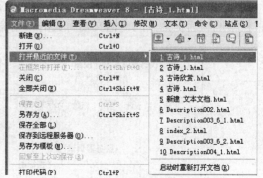

图2-7 打开最近的文档

(2) 在起始页的【打开最近项目】组中，直接单击需要打开的文档。

二、 关闭文档

关闭文档可以通过单击文档工具栏上的 ⊠ 按钮，注意要与程序的关闭方法相区别。

2.2　Dreamweaver 8 的工作界面

下面来介绍 Dreamweaver 8 的工作界面。

2.2.1　知识点讲解

在默认状态下，Dreamweaver 8 的工作界面主要包括标题栏、菜单栏、文档工具栏、编辑区、【属性】面板、插入栏、面板组和状态栏，如图 2-8 所示，各部分功能如下。

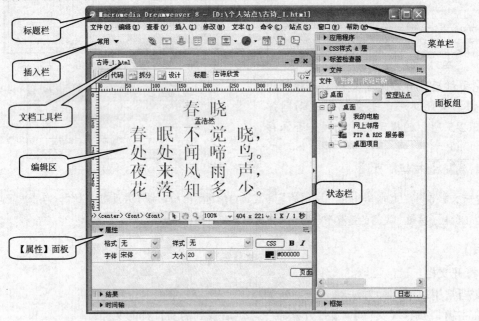

图2-8　Dreamweaver 8 工作界面

(1) 标题栏：显示当前正在编辑文档的目录和名称。

(2) 菜单栏：菜单栏位于标题栏的下面，由 10 个菜单组成，包含了几乎所有的 Dreamweaver 8 命令。

(3) 文档工具栏：文档工具栏中包含可以在文档的不同视图间切换的按钮和一些与查看文档、在本地和远程站点间传输文档有关的常用命令和选项，如图 2-9 所示。

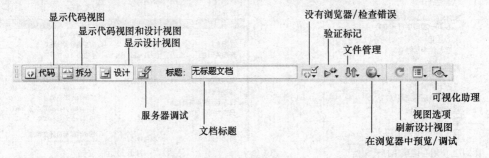

图2-9　文档工具栏

（4） 插入栏：包含用于创建和插入对象（如表格、层和图像）的按钮。当鼠标指针悬浮在一个按钮上时，会出现一个工具提示信息，其中含有该按钮的名称，如图 2-10 所示。

图2-10 插入栏

插入栏上的插入命令按钮被分成了如下 8 种常用类别：【常用】、【布局】、【表单】、【文本】、【HTML】、【应用程序】、【Flash 元素】、【收藏夹】。

（5） 状态栏：编辑窗口底部的状态栏提供与用户正创建的文档有关的其他信息，如图 2-11 所示。

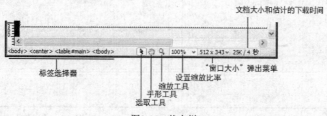

图2-11 状态栏

（6） 面板组：面板组是组合在一个标题下面的相关面板的集合。每个面板组都可以展开或折叠，并且可以和其他面板组停靠在一起或取消停靠。

（7） 编辑区：主要用来设计页面和编辑代码的工作区域。它有 3 种视图模式：设计视图、代码视图和拆分视图。

（8） 【属性】面板：对当前编辑区选中的对象进行属性设置，如设置文本的字体、大小、颜色等。

2.2.2 范例解析——首选参数设置

为了使用方便，符合个人需求，用户可以对软件的操作环境进行调整。

1. 执行【编辑】/【首选参数】命令，打开【首选参数】对话框，如图 2-12 所示。

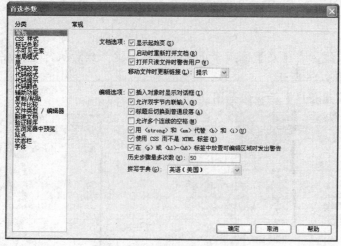

图2-12 【首选参数】对话框

2. 在左侧的【分类】列表框中单击选择某一项，然后在右侧进行具体参数的设置。如单击【字体】选项，对话框右侧显示【字体】面板，如图 2-13 所示，其中显示的是默认设置。

3. 设置【均衡字体】为"华文中宋"，【固定字体】为"仿宋_GB2312"，【代码视图】为"宋体"，如图 2-14 所示。

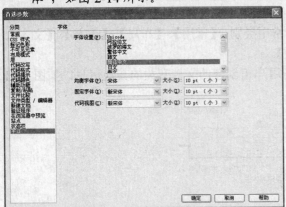

图2-13　【字体】选项默认设置

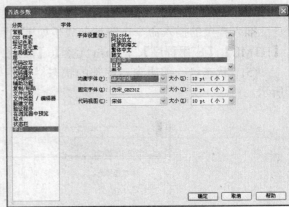

图2-14　【字体】选项新设置

4. 设置完毕后，单击 确定 按钮，则以后新建网页时即采用刚刚设置的参数。

【知识链接】

　　【首选参数】对话框中包含了【常规】、【CSS 样式】、【标记色彩】、【不可见元素】、【布局模式】、【层】、【代码改写】、【代码格式】、【代码提示】、【代码颜色】、【辅助功能】、【复制/粘贴】、【文件比较】、【文件类型/编辑器】、【新建文档】、【验证程序】、【在浏览器中预览】、【站点】、【状态栏】、【字体】20 个设置项目。通过设置这些参数，可以寻找一个最适合个人习惯的配置。

2.2.3　课堂练习——变更面板

　　默认情况下，Dreamweaver 8 都是将几个功能相近的面板集合成一个面板组，以进行集中管理，但这些面板不是固定的，可以自由更改，因此用户可以将自己常用到的几个面板集合到一个面板组中，以便使用。

操作提示

1. 展开【CSS】面板组，在【层】选项卡上单击鼠标右键，然后执行【将层组合至】/【应用程序】命令，如图 2-15 所示。

2. 重新组合后的【应用程序】面板组如图 2-16 所示。

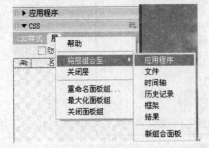

图2-15　重新组合

图2-16　新面板组合

2.3 创建简单的页面

了解了窗口和面板的基本知识后，下面来学习如何创建基本页。

2.3.1 知识点讲解

用户既可以通过起始页来创建基本页，也可以在编辑文档过程中创建新的基本页。

2.3.2 范例解析（一）——创建新页面

下面以实例的形式来学习创建新页面的方法。

范例操作

1. 启动 Dreamweaver 8 后，执行【文件】/【新建】命令，打开【新建文档】对话框。
2. 在【常规】选项卡的【类别】列表框中选择【基本页】选项，在【基本页】列表框中选择【HTML】选项，如图 2-17 所示。
3. 单击 创建(R) 按钮，创建了一个默认名为 "Untitled-1" 的空白文档，如图 2-18 所示。

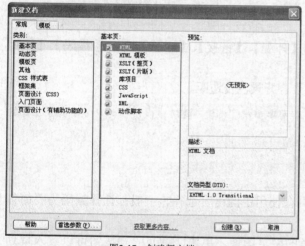

图2-17　创建新文档

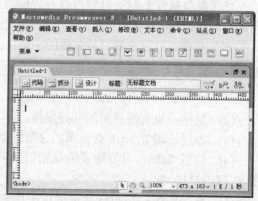

图2-18　空白文档

 在 Dreamweaver 8 起始页的【创建新项目】组中，单击【HTML】选项，也可以创建新文档。

2.3.3 范例解析（二）——设置页面属性

一个新文档被创建之后，一般来说，需要先设置一下页面属性，方便编辑网页内容。

范例操作

1. 在【属性】面板中单击 页面属性... 按钮，如图 2-19 所示，打开【页面属性】对话框。

图2-19　单击 页面属性... 按钮

2.　在对话框左侧的【分类】列表框中，选中【外观】选项，并设置参数，如图 2-20 所示。

3.　在【页面属性】对话框左侧的【分类】列表框中，选中【标题/编码】选项，并设置参数，如图 2-21 所示，单击 确定 按钮，完成页面属性设置。

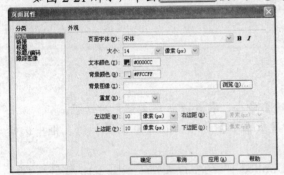

图2-20　设置【外观】选项

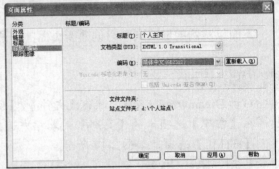

图2-21　设置【标题/编码】选项

【知识链接】

在【页面属性】对话框中可以设置网页的【外观】、【链接】、【标题】、【标题/编码】、【跟踪图像】5 个方面的内容。

(1)　外观：可以设置当前页面的字体、字号、背景色及边距。

> **要点提示**　网页的背景色和背景图片不能同时显示，若两项都作了设置，则在浏览页面时只显示背景图片的效果。

(2)　链接：设置网页中的链接属性。

(3)　标题：设置 1～6 级标题的字号、颜色。

(4)　标签/编码：设置网页的标题以及网页在使用中的语言选择，一般都选择编码为"简体中文（GB2312）"。

(5)　跟踪图像：在设计网页时用于作参考的网页图像。单击 浏览(B)... 按钮可以载入规划好的图片。

2.3.4　课堂练习——编辑并保存文档

文档创建和编辑好之后，需要保存。下面来练习文档的保存操作。

操作提示

1.　在上例创建的页面内单击鼠标左键，然后执行【插入】/【图像】命令，打开【选择图像源文件】对话框，选择"Home.JPG"文件，然后单击 确定 按钮，如图 2-22 所示。

2.　插入图片后，在【属性】面板中单击 ▤ 按钮，将图片居中对齐，效果如图 2-23 所示。

3.　在页面中输入其他文本内容，如图 2-24 所示。

4.　在窗口中执行【文件】/【保存】命令，打开【另存为】对话框。

图2-22 插入图片

图2-23 将图片居中对齐

5. 在【保存在】下拉列表中选择目录，然后在【文件名】列表框中输入需要保存的文件名"index.html"，如图 2-25 所示。单击 保存(S) 按钮，完成文档的保存。

图2-24 输入文本内容

图2-25 【另存为】对话框

要点提示 保存新文档时才弹出【另存为】对话框，对于已经保存过的文档，修改后再保存时不会出现【另存为】对话框；通过按 Ctrl+S 组合键也可以保存文档。

2.4 课后作业

1. 创建一个网页文档，并设置页面属性，然后保存，如图 2-26 所示。

操作提示

(1) 创建一个空白文档，打开【页面属性】对话框，切换到【外观】分类，并在右侧的面板中设置【文本颜色】为"#003399"，【背景颜色】为"#CC99FF"，【大小】为"18"像素，如图 2-27 所示。

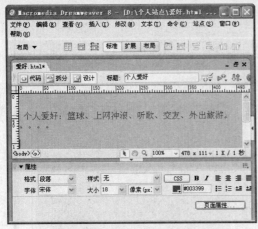

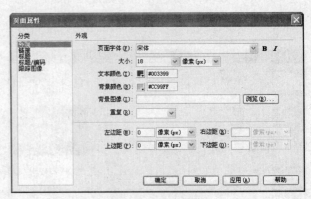

图2-26　创建个人爱好页面　　　　　　　　　图2-27　设置页面属性

(2)　切换到【标题/编码】分类，并在右侧的面板中设置【标题】为"个人爱好"。

(3)　在页面中输入如图 2-26 所示的文本内容，将文档以"爱好.html"为名保存。

2.　在 Dreamweaver 8 中编辑文档时，不能直接使用连续的空格，通过设置首选参数去除这个限定。

操作提示

(1)　执行【编辑】/【首选参数】命令，打开【首选参数】对话框。

(2)　在【首选参数】对话框的【常规】分类中，勾选【允许多个连续的空格】复选框，如图 2-28 所示。默认情况下，此项未被勾选。

(3)　单击　确定　按钮，完成设置。

(4)　将"index.html"文档打开，在最后一行的文本之间添加多个空格，效果如图 2-29 所示。

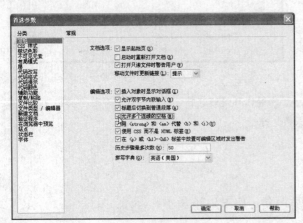

图2-28　允许连续空格　　　　　　　　　　　图2-29　添加多个空格

第3讲

站点管理

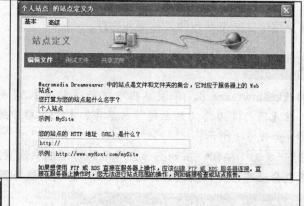

- 通过定义一个站点来管理和存放文件和素材，既方便调用文档又避免发生混乱和错误。

- 已经建好的站点可以进行进一步的编辑、更改和删除等操作。

- 利用建立的站点可以很方便地对站点内的文件及文件夹进行管理。

3.1　定义站点

　　用户在将网站上传到互联网之前，必须先在本机进行调试。这个在本机建立的用于调试管理当前页面文件的站点就叫做本地站点。Dreamweaver 8 提供了对本地站点强大的管理功能。

3.1.1　知识点讲解

　　在 Dreamweaver 8 中建立站点，是进行网站开发的一个关键前提。这里所讲的定义站点，其实就是在 Dreamweaver 8 中定义一个文件夹目录，用于存放页面文件和素材、策划网站结构、部署开发环境。

　　定义站点是为了更好地利用【文件】面板对站点文件进行管理，减少一些错误的出现，如路径出错，链接出错等。许多初学者开始做网页时，一味制作单一网页，忽视文件的条理性、结构性，没有对文件进行分类管理，使整个站点结构混乱，所以在开发之前应该认真策划好站点结构。

3.1.2　范例解析——定义站点

　　下面介绍定义一个站点的具体操作方法。

范例操作

1.　启动 Dreamweaver 8，在菜单栏中执行【站点】/【新建站点】命令，打开站点定义对话框。在【您打算为您的站点起什么名字？】文本框中输入"个人站点"，为自己的站点设置名称，如图 3-1 所示。
2.　单击 下一步(N)> 按钮，在如图 3-2 所示的对话框中设置站点是否需要服务器技术。由于网站中未包含动态网页，因此选择【否，我不想使用服务器技术。】选项。

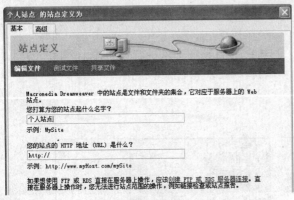

图3-1　给站点命名

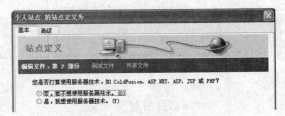

图3-2　选择站点是否需要服务器技术

3.　单击 下一步(N)> 按钮，设置网页文档的存储方法和存储路径，如图 3-3 所示。由于暂时在本机调试，就选择第1项【编辑我的计算机上的本地副本，完成后再上传到服务器（推荐）】，并在下面的文本框中设置文件的存储位置。

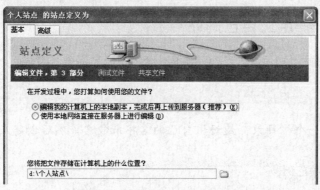

图3-3 网页文档的存储方法和路径

要点提示 此处的存储位置设置可以通过两种方法实现，既可以使用系统自动生成的文件夹，也可以单击文本框后面的图标，打开目标对话框，选择相应的文件夹来手动指定新的存储位置。

4. 完成设置后单击 下一步(N)> 按钮，进入如图 3-4 所示的对话框。由于现在只在本机上调试网页，不需要连接到服务器，因此在【您如何连接到远程服务器？】文本框中选择"无"。
5. 单击 下一步(N)> 按钮，系统显示用户所作的设置，如图 3-5 所示，核对无误后，直接单击 完成(D) 按钮，一个新的站点便建好了。如果有错误可以单击 <上一步(B) 按钮返回，继续设置。

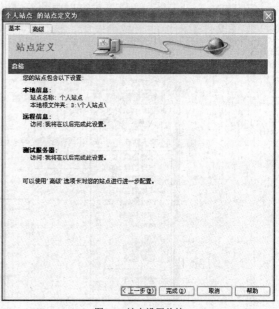

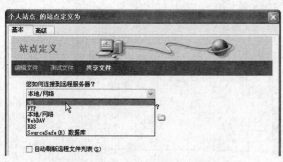

图3-4 选择站点连接到远程服务器的方式　　　　图3-5 站点设置总结

【知识链接】
定义站点有以下两种方法。
(1) 执行【站点】/【新建站点】命令，打开【站点定义】对话框，然后一步一步设置。
(2) 执行【站点】/【管理站点】命令，打开【管理站点】对话框，单击 新建(N)... 按钮后选择【站点】命令，然后一步一步设置。

要点提示 一台计算机可以创建多个站点，用户可以根据需要自行创建。

3.1.3　课堂练习——定义自己的站点

利用上面学习的定义站点知识，自己动手定义一个以自己名字命名的站点。

操作提示

1. 首先在硬盘上创建一个根目录，最好用自己的名字来命名，然后创建几个用于存放分类文件的子文件夹。
2. 其余的操作，可参考范例。

3.2　管理站点

站点被创建以后，需要进行管理，如站点的修改、删除等，还可以通过站点直接管理站点内的文件和文件夹。

3.2.1　知识点讲解

一、打开站点

启动 Dreamweaver 8 后，在窗口中执行【窗口】/【文件】命令，打开【文件】面板。

在【文件】面板的下拉列表中，选择要打开的"个人站点"站点，即可打开站点，如图 3-6 所示。

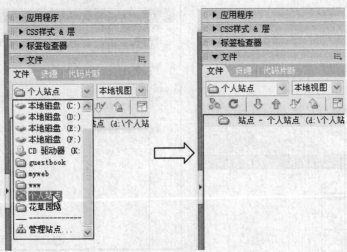

图3-6　打开站点

要点提示 打开站点的快捷键是 F8 键，展开和隐藏【文件】面板的快捷键也是 F8 键。

二、编辑站点

如果站点设置需要改动，可以通过编辑站点来完成。在窗口中执行【站点】/【管理站点】命令打开【管理站点】对话框，在左侧的站点列表中选中需要编辑的站点，如图 3-7 所示，然后单击 编辑(E)... 按钮，打开站点定义对话框，如图 3-8 所示，再重新进行编辑。

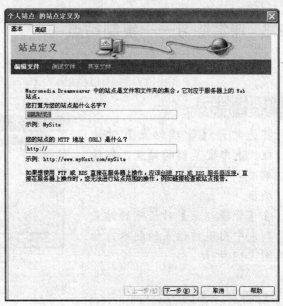

图3-7 【管理站点】对话框

图3-8 编辑站点

3.2.2 范例解析——删除站点

一段时间以后，如果用户发现以前建立的一个站点没有用了，或者建错了，可以直接将其删除。

范例操作

1. 启动 Dreamweaver 8，执行【站点】/【管理站点】命令，打开【管理站点】对话框。
2. 在【管理站点】对话框的站点列表中选中需要删除的站点，直接单击右侧的 删除(R) 按钮，如图 3-9 所示。
3. 此时弹出一个对话框，确认删除操作，确定要删除就单击 是(Y) 按钮，否则可单击 否(N) 按钮取消操作，如图 3-10 所示。
4. 站点被删除之后，在【管理站点】对话框中消失，如图 3-11 所示，然后单击 完成(D) 按钮，退出。

图3-9 选中要删除的站点

图3-10 确认删除

图3-11 完成删除

要点提示：删除站点不影响硬盘上的源文件，源文件不发生任何变化，只是将文件与 Dreamweaver 的联系切断了。

3.2.3　课堂练习——复制站点

参考上面的操作，自己动手进行站点的复制操作。

操作提示

1. 首先打开【管理站点】对话框，选中要复制的站点，然后单击 复制(P)... 按钮，如图 3-12 所示。

2. 在【管理站点】对话框的站点列表中出现该站点的副本，如图 3-13 所示。

图3-12　复制站点

图3-13　复制完成

3.3　用站点管理文件

利用 Dreamweaver 的【文件】面板可以很方便地管理站点中的文件和文件夹。

3.3.1　知识点讲解

利用站点可以方便地管理站点内的文件夹和网页文件，如创建、移动、删除、复制、重命名文件夹和网页文件。

3.3.2　范例解析——管理站点文件

Dreamweaver 站点建立以后，可以在【文件】面板中管理站点内的文件和文件夹。

范例操作

1. 启动 Dreamweaver 8，按 F8 键展开【文件】面板，打开"个人站点"，如图 3-14 所示。

2. 在个人站点的根目录下单击鼠标右键，打开右键菜单，选择【新建文件夹】命令，如图 3-15 所示。

3. 这样就可以创建一个文件夹，编辑好名称后直接按 Enter 键即可，如图 3-16 所示。

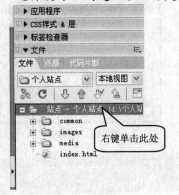
图3-14　打开站点

图3-15　新建文件夹

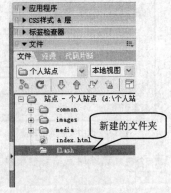
图3-16　新建的文件夹

如果要在某文件夹内创建子文件夹，可以右键单击该文件夹，在右键菜单中选择【新建文件夹】命令即可。

4. 创建文件的操作与创建文件夹类似，单击鼠标右键，在右键快捷菜单中，选择【新建文件】命令，然后编辑一下名称即可，如图3-17所示。此时创建的文件都是网页文件，如图3-18所示。

5. 利用站点也可以移动文件。单击选中需要移动的文件，拖曳到目标位置，如图3-19所示，然后释放鼠标左键，弹出【更新文件】对话框，如图3-20所示，单击 更新(U) 按钮，系统会自动更新文件中的链接。

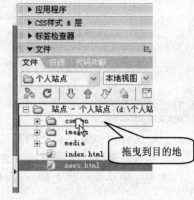

图3-17 新建文件　　　　图3-18 新建的网页文件　　　　图3-19 移动文件

6. 在站点中可以复制文件。右键单击要复制的文件，在快捷菜单中执行【编辑】/【复制】命令，如图3-21所示，在该文件的下方增加一个副本。

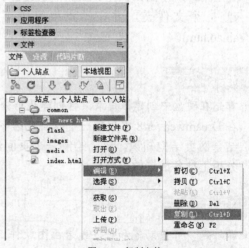

图3-20 更新对话框　　　　图3-21 复制文件

对文件进行删除和重命名操作，与复制文件操作相类似，只需要在右键菜单的【编辑】菜单中选择相应的命令即可。

3.3.3 课堂练习——删除站点中的文件

如果已经掌握了本节介绍的这些知识内容，可以在老师的指导下，进行站点管理，将站点内的文件副本删除，如图3-22所示。

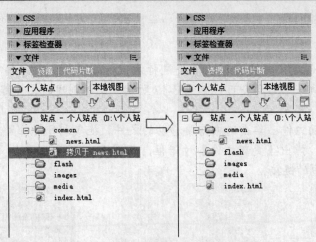

图3-22　删除站点文件

操作提示

删除文件可以采用以下两种方法。

1. 在站点目录下，右键单击要删除的文件，然后执行【编辑】/【删除】命令即可。
2. 单击选中要删除的文件，按键盘上的 Delete 键也可以删除站点文件。

3.4　课后作业

1. 利用本章所学的知识在 Dreamweaver 8 中创建一个以自己姓名命名的站点。要求在站点中创建 3 个文件夹，并在站点根目录下建立 3 个网页文件：index.html、jianjie.html、aihao.html。

操作提示

(1) 首先在硬盘中创建根目录，再创建几个分类文件夹，用于存放各类素材，如照片、视频等。
(2) 在 Dreamweaver 8 中创建一个以自己名字命名的站点，再参照本节范例创建文件和文件夹。
2. 结合网页结构知识，自己绘制一个页面结构图，用于个人主页的框架，并且在每个框架部分填上准备放置的内容概述。

操作提示

课外题，可借助笔和纸，或者画图软件。

第4讲

用表格设计页面

- 在页面中插入一个表格用来存放数据，可使页面显得整齐美观，错落有致。

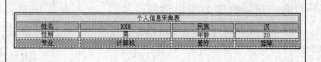

个人信息采集表			
姓名	XXX	民族	汉
性别	男	年龄	20
等业	计算机	爱好	篮球

- 设计网页前，可以先使用表格简单地勾勒出页面的布局结构，这样使得页面结构布局清晰，简单明了。

- 利用表格设计页面，层次清楚、操作简单、易于操作、容易上手，对初学者来说是一个很好的入门方法。

4.1　表格的插入

　　表格是网页设计制作中不可缺少的元素，它不仅用于页面上的数据显示，还可以用来设计页面框架。

　　使用表格可以将图片、文本、数据和表单等元素有序地显示在页面上，使得页面简洁明了、编排整齐。用表格设计的页面，框架布局清晰，在不同平台、不同分辨率的浏览器里都能保持其原有的布局，并且在不同的浏览器平台都具有较好的兼容性，所以表格是网页中最常用的排版方式之一。

4.1.1　知识点讲解

　　表格是由一个或多个单元格组成的集合。表格中横向的一排称之为行，纵向的一排称之为列，中间的单个小方块称之为单元格。单元格与单元格之间的距离叫做单元格间距，单元格内容到单元格边框之间的距离叫边距。每个单元格的四周称之为单元格边框，整个表格的四周称之为表格边框。

　　图4-1展示了表格各部分的对应关系。

　　表格和单元格的属性参数可以通过【属性】面板设定。

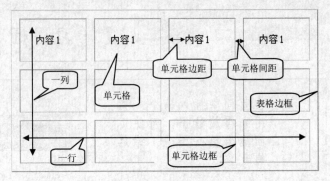

图4-1　表格结构

4.1.2　范例解析——插入表格

　　下面介绍在一个页面中插入表格的具体操作步骤。

范例操作

1. 启动 Dreamweaver 8 后，在起始页的【创建新项目】组中选择【HTML】选项，即可创建一个新的 HTML 页面，如图 4-2 所示。
2. 在【常用】插入栏中单击表格按钮 ，如图 4-3 所示，打开【表格】对话框。

图4-2　创建 HTML 页面

图4-3　单击表格图标

3. 在【表格】对话框中，将【行数】设置为"3"，【列数】设置为"4"，【表格宽度】设置为"600"像素，然后单击 确定 按钮，如图4-4所示。

4. 此时在页面中插入了一个3行4列、宽度为"600"像素的表格，如图4-5所示。以"表格.html"为名保存到个人站点内。

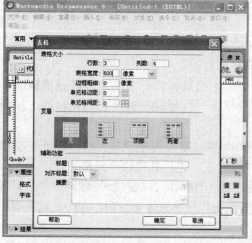

图4-4 设置表格参数

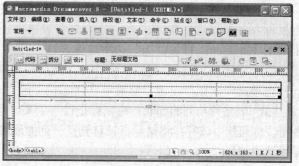

图4-5 创建好表格

【知识链接】

一、 创建新页面

创建新页面有以下两种方法。

(1) 依次执行【文件】/【新建】/【HTML】/【创建】命令，即可创建一个新的页面。

(2) 按 Ctrl+N 组合键，然后选择创建HTML页面。

二、 表格标签

在标签选择器中，"<table>"表示整个表格，"<tr>"表示一行，"<td>"表示一个单元格，在代码中它们是成对出现的。

4.1.3 课堂练习——制作个人信息采集表

学习了插入表格的方法后，自己动手创建一个"个人信息采集表"表格，并输入相关内容。

操作提示

1. 参考案例，首先创建一个3行4列的表格，设置边框粗细为"1"像素。

2. 单击某一单元格定位后，在单元格中输入内容，如图4-6所示。

3. 将表格以"个人信息采集表.html"为名保存在"个人站点"内。

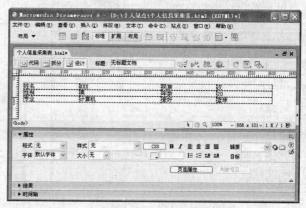

图4-6 个人信息采集表

4.2　表格的设置

　　表格被创建以后，根据填充内容和排版的需要，要对表格进行编辑和修改。这个可以通过改变【属性】面板的各项参数来实现，也可以利用右键快捷菜单来实现。

4.2.1　知识点讲解

　　表格的选取包括整表的选取、单元格的选取、表格行与列的选取。

　　(1)　整表的选取：只需要将鼠标指针移到表格的边框，当鼠标指针右下角出现田图标时单击鼠标左键即可选中整个表格；或者先在表格内任意处单击一次鼠标左键，然后在标签选择器上单击 "<table>" 标签，也可选中这个表格。

　　(2)　单元格的选取：按住 Ctrl 键，然后单击某一单元格，即可选中该单元格；或者先在单元格内单击一次鼠标左键，然后单击状态栏上的 "<td>" 标签，也可选中该单元格。

　　(3)　表格行与列的选取：将鼠标指针移到某一行的左侧，当鼠标指针变成➡形状时，单击鼠标左键，即可选中该行；将鼠标指针移到某一列的顶部，当鼠标指针变成⬇形状时，单击鼠标左键，即可选中该列。

> **要点提示** 按住鼠标左键在表格中拖曳，可以选中多个连续的单元格；按住 Ctrl 键，然后单击不同的单元格，可以同时选中不连续的多个单元格；单击标签选择器上的 "<tr>" 标签可选中一行，但不能通过标签来选中一列。

4.2.2　范例解析——调整个人信息表

　　表格创建之后，需要进一步设置才能符合需要，下面来介绍表格的设置方法。

范例操作

1.　启动 Dreamweaver 8 ，打开个人站点内的 "个人信息采集表.html" 文档。
2.　在标签选择器上单击 "<table>" 标签，将整表选中，在【属性】面板的【对齐】下拉列表中选择 "居中对齐"，效果如图 4-7 所示。
3.　将鼠标指针置于第 1 行的任意处，然后执行【插入】/【表格对象】/【在上面插入行】命令，如图 4-8 所示，在表格上方插入一行。

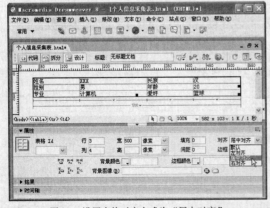

图4-7　设置表格对齐方式为 "居中对齐"

图4-8　插入行

4. 选中刚插入的新行，在【属性】面板中单击合并单元格按钮 □，将这一行合并，如图 4-9 所示，然后在其中输入文本"个人信息采集表"。

5. 在表格的左上角单元格内按住鼠标左键并拖曳到右下角单元格，将整个表格选中，然后在 【属性】面板中设置【水平】为"居中对齐"，【高】为"20"像素，【边框】颜色为 "#0033CC"，如图 4-10 所示。

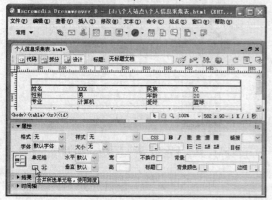
图4-9 合并单元格

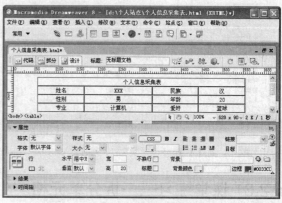
图4-10 设置所有行属性

6. 选中第 1 行，在【属性】面板中设置【背景颜色】为"#CCCCCC"，然后设置第 2 行的【背景颜色】为"#00CC33"，第 3 行的【背景颜色】为"#99FFFF"，第 4 行的【背景颜色】为 "#0099FF"，如图 4-11 所示。

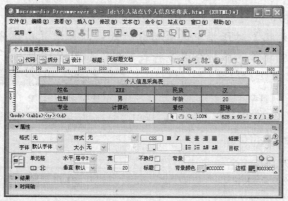
图4-11 设置每一行的背景颜色

7. 按 Ctrl+S 组合键保存，按 F12 键预览文档效果。

【知识链接】

　　表格的边框在创建时，可以通过【表格】对话框进行初步设置。对于其他方面的设置则需要在【属性】面板中实现。

　　在【属性】面板中设置表格时，要先选中表格，然后再设置整个表格的边框、间距、背景颜色、边框颜色等，也可以针对单个、某一行、某一列单元格分别进行设置。

　　调整表格的高度和宽度，在要求不高的情况下可以通过拖曳鼠标来改变，方法为：首先将鼠标指针移到表格的右侧边框，当鼠标指针变成 ┿ 形状时，按住鼠标左键，向左或者向右拖曳来改变表格的宽度；拖曳表格的下框线，可以改变表格的高度。

　　行、列的插入和删除可以通过执行【修改】菜单或【插入】菜单中的相应命令来完成，如图 4-12 和图 4-13 所示，也可以通过执行右键菜单命令来实现。

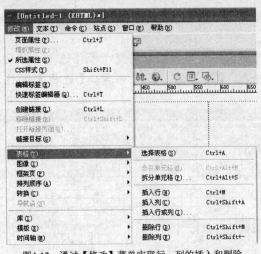

图4-12　通过【修改】菜单实现行、列的插入和删除

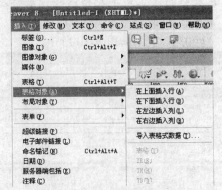

图4-13　通过【插入】菜单实现行、列的插入和删除

4.2.3　课堂练习——拆分单元格

参考上面的操作，自己动手学习单元格的拆分操作。

操作提示

1. 单击要拆分的单元格，在【属性】面板中单击拆分单元格按钮，如图 4-14 所示。
2. 在弹出的【拆分单元格】对话框中设置拆分行或列，并设置要拆分成的行数或列数，然后单击 确定 按钮即可将单元格拆分成多行或多列，如图 4-15 所示。

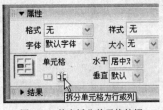

图4-14　单击拆分单元格按钮

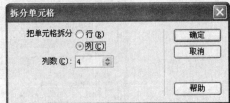

图4-15　【拆分单元格】对话框

4.3　用表格设计页面

了解了表格的相关知识后，下面来介绍如何用表格设计页面。

4.3.1　知识点讲解

一个页面的主要骨架结构，大体可分为如下几部分：Container（所有内容）、Logo（标志）、Header（头部）、Navigation（导航栏）、Main Content（主要内容）、Sidebar（侧栏）、Footer（页脚），如图 4-16 所示。这些部分都可以看成由一个个表格组成的。

- Container：指页面包含的所有内容。所有的 Web 页面都用一个 Container，主要为了包含一些页面元素。
- Header：网页的头部。严格意义上来说，Header 并不是一个特定的元素，它更多用于放置 Logo、导航栏等常见元素。

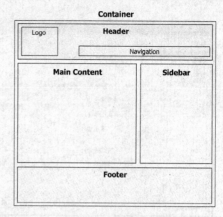

- Logo：Logo 是一个专用标志，用于表明网站的身份和品牌。一般将 Logo 放在 Header 的左上角，使访问者第一眼就能看到。
- Navigation：导航栏部分。页面导航是最重要的元素之一，访问者一般都使用它来访问网站中的其他内容。为了便于用户找到和使用，就将 Navigation 放在顶端附近。
- Main Content：主要内容部分。这是网站的核心，它是 Web 页面的焦点。
- Sidebar：侧栏部分。主要放置一些次要内容，如广告、站点搜索、订阅链接、联系方法等，这些内容不是必需的。一般将 Sidebar 放在页面右侧，也可以将其放在左侧或两边，只要不干扰主要内容的浏览就行。Sidebar 往往是用纵向导航。
- Footer：页脚部分。Web 页面的尾部总会有一个页脚，这是 Web 页面的结束部分。和 Header 一样，Footer 也不是一个特定的元素。在页脚里一般包含版权、法律声明以及主要的联系方式，也可以包含一些重要的链接。

图4-16 页面的主要框架

要点提示 Whitespace：空白区域。有的页面上也存在一些空白区域，这些地方不需要去填充，合理地利用空白可以创建页面的平衡感。

4.3.2 范例解析（一）——利用表格规划页面结构

掌握了表格和页面结构的知识后，下面来自己动手设计一个简单的页面结构图，体会表格的作用，最终效果如图 4-17 所示。

图4-17 页面的规划

范例操作

1. 新建一个空白的 HTML 文档，在【页面属性】对话框中设置其参数，如图 4-18 所示。然后将文档保存到个人站点中，并命名为"结构.html"。
2. 在【插入】面板中单击表格按钮，打开【表格】对话框，将【行数】设置为"1"，【列数】设置为"1"，【表格宽度】设置为"600"像素，再将【边框粗细】设置为"1"像素，另外两项不设置，如图 4-19 所示，单击 确定 按钮，插入一个 1 行 1 列的表格。

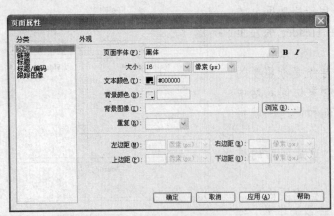

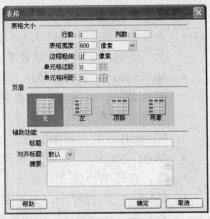

图4-18　设置页面属性　　　　　　　　　图4-19　插入表格

3. 在【属性】面板中，设置表格的【高】为"35"像素，【对齐】方式为"居中对齐"，【背景颜色】为"00FF66"。在表格中输入文字"头部"，并设置其为"居中对齐"，如图 4-20 所示。为便于区别，将此表格称为"头部表格"。

> **要点提示** 文本格式的设置方法：先选中文本，然后在【属性】面板的对应选项下进行设置。关于文本格式的设置，将在下一讲讲解。

4. 将鼠标指针置于头部表格的后面，再插入一个 1 行 1 列的表格，设置【表格宽度】为"600"像素，【边框粗细】为"1"像素，如图 4-21 所示。

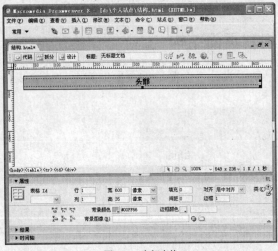

图4-20　头部表格　　　　　　　　　　图4-21　插入导航表格

5. 在【属性】面板中，设置【高】为"30"像素，【对齐】方式为"居中对齐"，【背景颜色】为"#339999"。然后在表格中输入文字"导航栏"，并设置其为"居中对齐"，如图 4-22 所示。为便于区别，将此表格称为"导航表格"。

6. 将鼠标指针定位到导航表格的后面，再插入一个 1 行 3 列的表格，设置【表格宽度】为"600"像素，【边框粗细】为"1"像素，如图 4-23 所示。

7. 在【属性】面板中，设置表格的【高】为"200"像素，【对齐】方式为"居中对齐"；设置中间单元格的【宽】为"300"像素，【背景颜色】为"#66CCFF"，再输入文字"主要内容区"，设置其为"居中对齐"；将左右两侧的单元格【宽】设置为"150"像素，【背景颜色】为"#FF9999"，并分别拆分单元格为上下两行，设置上面一行【高】为"50"像素，分别输入文字"左侧栏"、"右侧栏"，均设置为"居中对齐"，如图 4-24 所示。为便于区别，将此表格称为"主内容表格"。

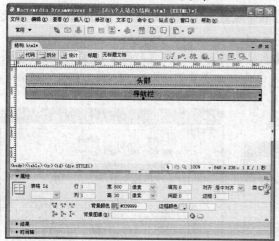

图4-22　导航表格

图4-23　插入主内容表格

8. 将鼠标指针定位到主内容表格后面，再插入一个 1 行 1 列的表格，设置【表格宽度】为"600"像素，【边框粗细】为"1"像素。在【属性】面板中，设置【高】为"40"像素，【对齐】方式为"居中对齐"，【背景颜色】为"#CC99CC"；输入文本"版权声明区"，设置其为"居中对齐"，如图 4-25 所示。

图4-24　主内容表格

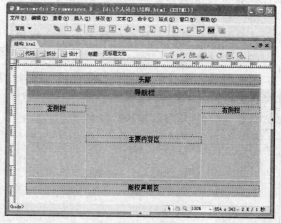

图4-25　版权声明区

9. 按 Ctrl+S 组合键保存，按 F12 键预览文档。

【知识链接】

在设计页面时，为了整体把握页面结构，可以先用表格将页面的主体框架勾勒出来，然后再针对每个部分进行内容的填充。

4.3.3　范例解析（二）——利用表格构造"花草园地"主页

本例将通过制作一个简单的主页来体验用表格规划页面的方法。在本例中将涉及嵌套表格的使用。

范例操作

1. 利用站点的文件管理功能，在"花草园地"站点中创建一个主页面文档"index.html"，并设置页面属性，如图 4-26 所示。

2. 在【插入】面板中单击表格按钮，打开【表格】对话框，将【行数】设置为"1"，【列数】设置为"2"，【表格宽度】设置为"760"像素，如图 4-27 所示，单击 [确定] 按钮，在页面插入一个 1 行 2 列的表格。

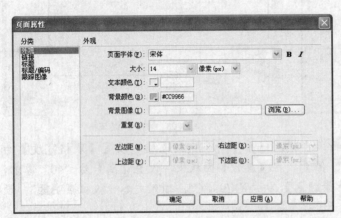

图4-26　设置页面属性　　　　　　　　　　　图4-27　插入表格

3. 在表格的【属性】面板中，设置【对齐】为"居中对齐"，如图 4-28 所示。这是第 1 个表格，称之为"表格一"。

4. 将鼠标指针移到表格一的第 1 个单元格中，然后执行【插入】/【图像】命令，在打开的对话框中选择图片"logo.jpg"，然后单击 [确定] 按钮，将该图片插入到当前单元格中。用同样的方法在第 2 个单元格中插入图片"head.jpg"，如图 4-29 所示。

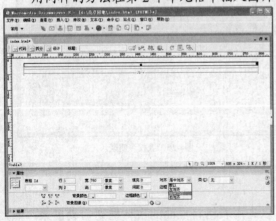
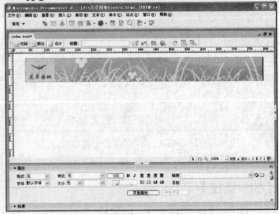

图4-28　表格居中对齐　　　　　　　　　　　图4-29　插入图片

要点提示　此处涉及的图片的插入方法将在第 6 讲具体介绍。此处用到的图片在花草园地站点的"images"文件夹内。

5. 将鼠标指针置于表格一的后面，再插入一个 1 行 7 列的表格，如图 4-30 所示，称之为"表格二"。

6. 设置表格二的【高】为"25"像素,【对齐】为"居中对齐",【背景颜色】为"#63a736",如图 4-31 所示。

图4-30 插入第2个表格   图4-31 设置表格二属性

7. 在表格二中,用拖曳鼠标的方法选中后面 6 个单元格,然后在【属性】面板的中将它们的【宽】设置为"80",如图 4-32 所示。

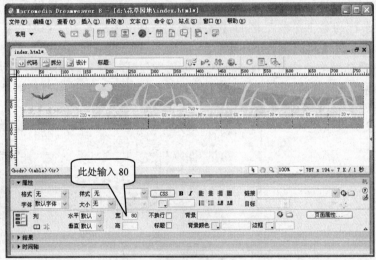

图4-32 设置单元格的宽度为"80"

8. 在后面 6 个单元格中输入文本,如图 4-33 所示。

图4-33 输入文本内容

9. 在表格二后面再插入一个2行2列的表格,称之为"表格三",并设置其为"居中对齐",如图 4-34 所示。

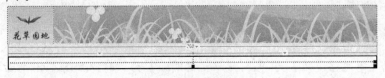

图4-34 插入表格三

10. 设置表格三的第 1 行的【高】为 "25"，【背景颜色】为 "#b7de83"，如图 4-35 所示。

11. 设置表格三的第 1 列【宽】为 "200"，并在第 1 行输入文本，设置其为 "居中对齐"，如图 4-36 所示。

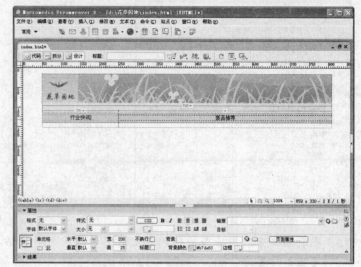

图4-35 设置单元格　　　　　　　　　　　　　图4-36 设置表格三第 1 行

12. 设置表格三第 2 行的第 1 个单元格的【宽】为 "200"，【高】为 "250"，【背景颜色】为 "#FFCCFF"，并输入文本，如图 4-37 所示。

13. 表格三第 2 行的第 2 个单元格留作最后处理。将鼠标指针移到表格三后面，再插入一个 1 行 1 列的表格，称之为 "表格四"，设置其【高】为 "30"，【对齐】为 "居中对齐"，【背景颜色】为 "#99cc33"，如图 4-38 所示。

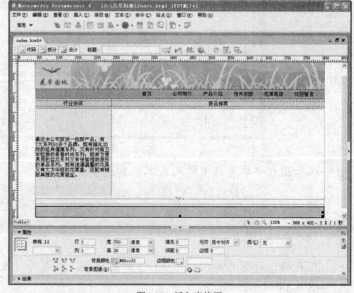

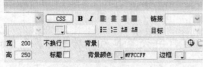

图4-37 设置表格三第 2 行　　　　　　　　　　图4-38 插入表格四

14. 在表格四上输入一些版权信息，并设置其为 "居中对齐"，如图 4-39 所示。

15. 下面对表格三的空白单元格填充内容。将鼠标指针移到该单元格中，然后插入一个 3 行 4 列的表格，设置【单元格边距】为 "2"，【单元格间距】为 "4"，如图 4-40 所示。

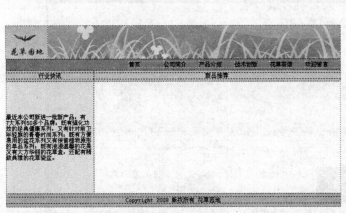

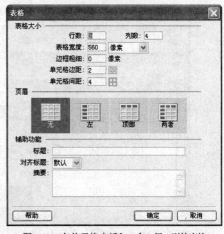

图4-39 输入版权信息   图4-40 在单元格内插入一个3行4列的表格

16. 设置第 1 列和第 3 列的【宽】为 "140"，第 2 列和第 4 列的【宽】为 "122"，将第 1 行和第 3 行的【高】设置为 "120"，如图 4-41 所示。

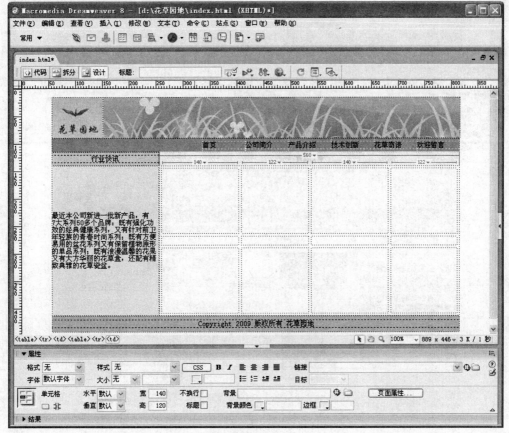

图4-41 设置单元格

17. 在对应的单元格中依次插入指定的图片 "hua01.jpg"、"hua02.jpg"、"hua03.jpg"、"hua04.jpg"，设置其为 "居中对齐"，并在右侧输入相应的文本，如图 4-42 所示。

18. 按 Ctrl+S 组合键保存，按 F12 键预览文档，效果如图 4-43 所示。

图4-42　插入图片和文本

图4-43　预览效果

【知识链接】

一、　网页填充

一个页面的骨架结构搭建好了，需要进行内容的填充。一个页面中最主要的填充内容是文本和图片，其次还有视频、动画、按钮、文本框、超级链接等，这些元素使得页面有血有肉，丰富多彩。

二、 嵌套表格

简单地说，嵌套表格就是一个表格中含有另一个表格。

引入嵌套表格有 3 个方面的原因。

(1) 网页的排版有时会很复杂，在外部需要一个表格来控制总体布局，如果内部排版的细节也通过总表格来实现，容易引起行高、列宽等的冲突，给排版工作带来困难。

(2) 其次，浏览器在解析网页的时候，是将整个网页下载完毕之后才显示表格，如果不使用嵌套，表格非常复杂，浏览者需要等待很长时间才能看到网页内容。

(3) 在嵌套表格中，可以利用表格的背景图像、边框、间距和边距等属性得到漂亮的边框效果，制作出精美的网页。

创建嵌套表格的操作方法很简单，先插入总表格，然后将鼠标光标置于要插入嵌套表格的单元格中，继续插入表格即可。

4.3.4 课堂练习——制作"花草寄语"页面

掌握了前面介绍的内容后，请参考上面的范例，创建"花草寄语.html"文档，最终效果如图 4-44 所示。

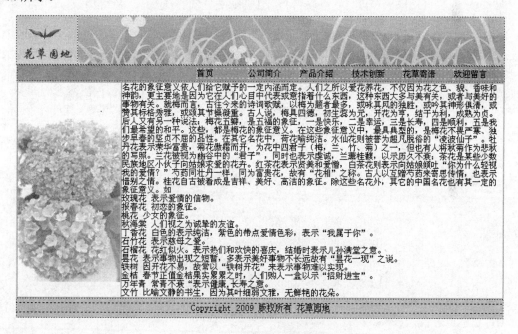

图4-44 "花草寄语.html"文档

操作提示

1. 参照范例制作前两个表格。
2. 第 3 个表格是 1 行 2 列，【边框】为"1"，左边单元格【宽】为"160"，【高】为"250"，插入图片"hua06.jpg"。图片见"花草园地"站点内的"images"文件夹，文本内容见根目录记事本文件。
3. 表格四与范例相同，可参照制作。

4.4　课后作业

1.　利用本章所学的知识在 Dreamweaver 中创建一个个人主页文档"index.html"。

操作提示

(1)　先绘制出基本的框架结构，再用表格去实现。
(2)　向框架填充内容。

2.　结合表格的知识，制作一个个人课程文档。

操作提示

(1)　对照个人的课程表，在 Dreamweaver 中插入一个表格。
(2)　利用拆分和合并功能将表格中的单元格重新划分，直至符合要求为止。

第 **5** 讲

文本应用

【学习目标】

- 在页面中，可以对文本的颜色、字体、大小进行设置，使文本页面美观。

- 在页面中，可设置段落缩进、插入空行、设置项目列表等，使文本排版整齐。

- 利用系统的插入面板可以插入一些特殊的字符，如商标、版权等符号。

5.1　文本的输入

在绝大多数网页中，文本内容占据着核心的地位，它负责主要信息的传播，是信息的主要载体。为了使页面美观整齐，还需要对输入的文本进行修饰和排版。

如果在页面中要输入的文本较少，可直接通过键盘输入文本；若是在其他位置存在的大段文本内容，则可以通过复制、粘贴或导入的方式来完成。

5.1.1　知识点讲解

无论是直接输入文本还是从外部导入，都需要先在网页中单击一次鼠标来定位，即指定文本开始的地方。对于表格性的文字内容，可以直接按 Tab 键跳到下一个单元格。

5.1.2　范例解析（一）——制作个人简介

本节用一个简单的范例来演示普通文本的输入方法。

　范例操作

1. 启动 Dreamweaver 8，新建一个空白文档，此时鼠标光标已经在编辑区闪动，直接输入文本"个人简介"，如图 5-1 所示。
2. 按 Enter 键换行后，在页面中插入一个 2 行 4 列的表格，参数设置如图 5-2 所示。
3. 在第 1 个单元格内单击鼠标左键，定位鼠标光标，并输入文本，如图 5-3 所示。

图5-1　输入文本

图5-2　插入表格

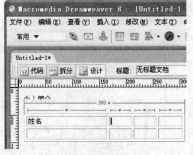

图5-3　输入文本

4. 按 Tab 键跳转到第 2 个单元格，继续输入内容，完成后继续按 Tab 键，继续输入内容直至结束，结果如图 5-4 所示。

这样就完成了一次简单的文本输入。

【知识链接】

(1) 在页面中直接输入的文本，字符段落格式都是采用系统默认的，不作任何修饰。系统默认的字体为"宋体"，大小为"14"。

(2) 在表格中填充内容时，可以使用 Tab 键跳到下一个单元格。

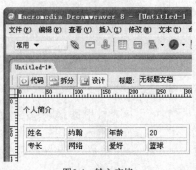

图5-4　输入完毕

5.1.3 范例解析（二）——导入 Word 文档

如果有现成的 Word 文档内容需要输入到页面内，可以采用导入的方法。

 范例操作

1. 在花草园地站点中打开"花草益处.html"文档，如图 5-5 所示。
2. 将鼠标光标置于需要导入文本的单元格内，然后执行【文件】/【导入】/【Word 文档】命令，如图 5-6 所示。

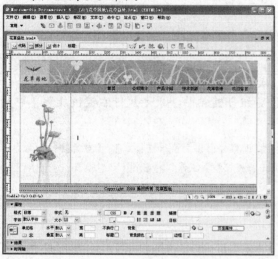

图5-5 打开文档　　　　　　　　　　　　　　　图5-6 执行命令

3. 打开【导入 Word 文档】对话框，选中需要导入的 Word 文档，如图 5-7 所示，单击 打开(O) 按钮，将 Word 文档导入到页面中，如图 5-8 所示。

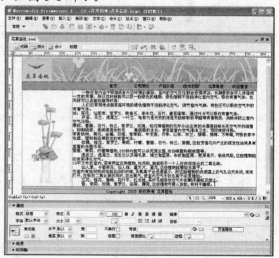

图5-7 选择文档　　　　　　　　　　　　　　　图5-8 导入文本

【知识链接】

（1）可以导入到页面中的文档类型还包括 XML 文档、表格式数据、Excel 文档，其操作方法与导入 Word 文档类似。

(2) 在【导入 Word 文档】对话框底部有一个【清理 Word 段落间距】复选框，用户可根据自己的需要来决定是否保留源文档中的段落间距，默认情况下该项处于选中状态，即不采用 Word 文档原来的段落间距设置。

在处理文字较多的文档时用 Word 文档导入方式，无疑是很方便的，并且还可以保留原来的段落格式。

5.1.4　课堂练习——复制文档

如果要输入的文本是记事本格式，或者是 Word 文档中的部分文字，则可以采用复制、粘贴的方法来完成。

操作提示

1. 首先选中需要的文本，按 Ctrl + C 组合键复制，或者执行右键快捷菜单中的【复制】命令。
2. 将鼠标光标置于要插入文本的地方，按 Ctrl + V 组合键粘贴，或者执行右键快捷菜单中的【粘贴】命令，将所需文本粘贴到文档中。

要点提示 需要注意的是，若是复制多段记事本文本，要先在记事本窗口中执行【格式】/【自行换行】命令，取消【自行换行】命令的勾选，否则会给以后的段落设置带来不便。

5.2　文本的编辑

为了使页面看起来整齐、美观，输入到页面上的文本需要进一步地修饰和排版，才能符合要求。

5.2.1　知识点讲解

在文本的【属性】面板中，可以对文本的属性进行详细的编辑和设置，如图 5-9 所示。

图5-9　文本【属性】面板

对文本的编辑主要包括大小、字体、字形、颜色等。文本常用到的对齐方式有：左对齐、居中对齐、右对齐和两端对齐。

5.2.2　范例解析（一）——设置文本格式

下面通过一个范例来学习具体的文本编辑方法。

范例操作

1. 启动 Dreamweaver 8，打开花草园地站点内的"花草益处.html"文档，将鼠标光标置于第 1

段文字的前面，按住鼠标左键拖曳，选中第1段文字，在【字体】下拉列表中选择"宋体"，如图5-10所示。

2. 这样，第1段文本的字体就被设置为"宋体"了，此时在【样式】下拉列表框中自动生成了"STYLE3"样式，如图5-11所示。

图5-10 设置第1段文本的字体

图5-11 生成样式"STYLE3"

3. 选中其余段落，在【属性】面板的【样式】下拉列表中选择"STYLE3"样式，即可将其他文本的字体也设置为"宋体"。

> **要点提示** 其余段落文本的字体也可以通过从【字体】下拉列表中选择字体来设置。

4. 选中第1段文本，在【大小】下拉列表中选择"14"像素，将文本大小设置为"14"，如图5-12所示。此时在【属性】面板的样式表中自动生成了"STYLE6"样式，如图5-13所示。

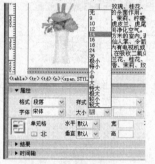

图5-12 设置文本大小

图5-13 生成样式"STYLE6"

5. 选中其余段落，在【属性】面板的【样式】下拉列表中选择"STYLE6"样式，即可将其他文本的大小也设置为"14"。

6. 选中所有文字，然后将颜色设置为"#3333CC"，如图5-14所示。

7. 按 Ctrl+S 组合键保存，按 F12 键预览文档，效果如图5-15所示。

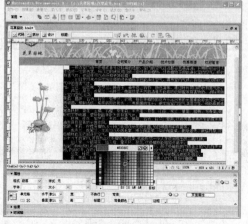

图5-14 设置颜色

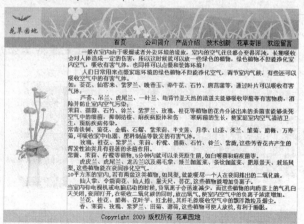

图5-15 预览文档效果

5.2.3 范例解析（二）——设置段落格式

从记事本复制过来的文字段落混乱，需要重新整理，而且每段的开头不能空两格，如何解决这个问题呢？下面来具体介绍。

范例操作

1. 启动 Dreamweaver 8，打开花草园地站点内的“花草寄语.html”文档，如图 5-16 所示。
2. 将鼠标光标置于需要分段的地方，按 Enter 键后将段落分开，如图 5-17 所示。

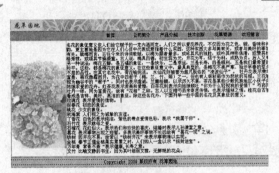

图5-16 初始页面

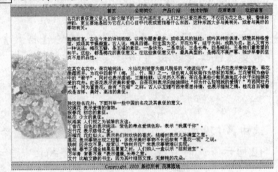

图5-17 分段

3. 将鼠标光标置于第 4 段第 1 句话后面，然后按 Shift+Enter 组合键，插入一个空行如图 5-18 所示。
4. 将鼠标光标置于第 1 段的前面，然后按 4 次 Ctrl+Shift+Space 组合键，在第 1 段首行插入两个中文字符的空格，如图 5-19 所示。

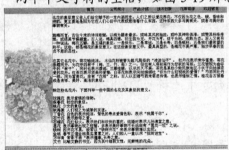

图5-18 插入空行

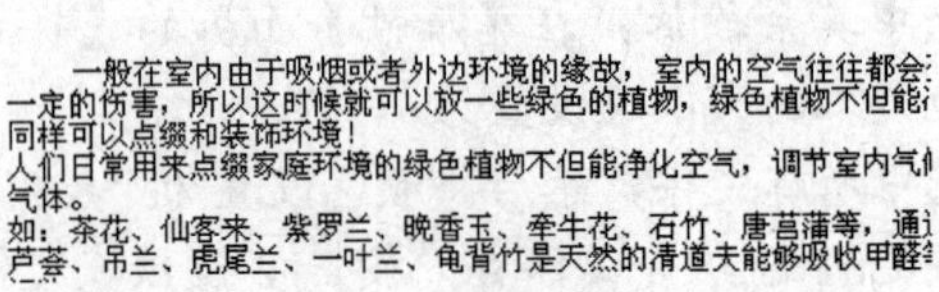
一般在室内由于吸烟或者外边环境的缘故，室内的空气往往都会
一定的伤害，所以这时候就可以放一些绿色的植物，绿色植物不但能
同样可以点缀和装饰环境！
人们日常用来点缀家庭环境的绿色植物不但能净化空气，调节室内气
气体。
如：茶花、仙客来、紫罗兰、晚香玉、牵牛花、石竹、唐菖蒲等，通
芦荟、吊兰、虎尾兰、一叶兰、龟背竹是天然的清道夫能够吸收甲醛

图5-19 设置空两格

5. 用同样的方法，将其他段落首行空两格，效果如图 5-20 所示。
6. 分别在最后 12 行文字后面按 Enter 键将其分开，然后选中这 12 行文字，单击【属性】面板上的项目列表按钮 ☰，如图 5-21 所示。

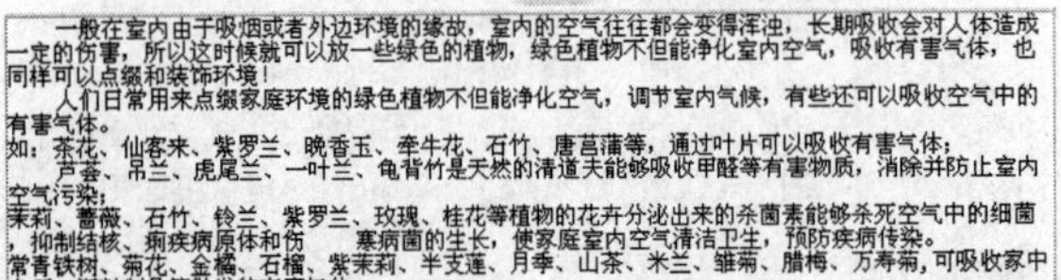

图5-20 段落首行缩进两字符

属性
格式 段落
样式 无
CSS
字体 默认字体
大小 无
项目列表
单元格
水平 默认
宽
不换行
背景
垂直 默认
高
标题
背景颜色

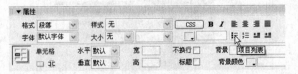

图5-21 添加项目列表

7. 给最后 12 行文字添加项目符号，如图 5-22 所示。

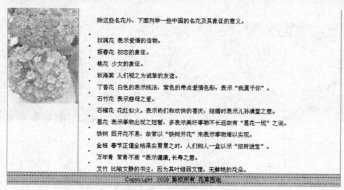

图5-22 添加项目符号

8. 单击 代码 按钮，切换到代码视图，将后面列表区间 "<li>" 后面的 "<br/>" 和空行删除，如图 5-23 所示。

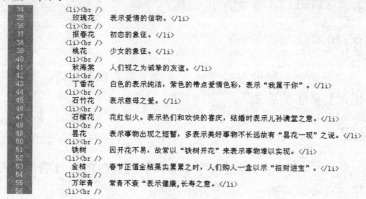

图5-23 原代码

9. 处理后的代码如图 5-24 所示。

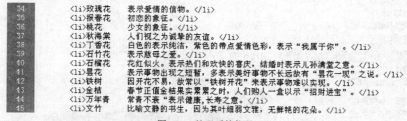

图5-24 处理后的代码

10. 按 Ctrl+S 组合键保存，按 F12 键预览文档。

【知识链接】

(1) 添加段落可以直接在需要分段的地方按 Enter 键。

(2) 在两行文字之间添加一空行，可以按 Shift+Enter 组合键。

(3) 按 Ctrl + Shift +Space 组合键可添加多个空格。

(4) 给多行文字添加项目符号或编号前，要先用 Enter 键将它们分开，如果间隙太大，可在代码视图中，将多余的 "<br/>" 和空行删除。

5.2.4 课堂练习——设置主页导航栏文字

编辑花草园地主页导航栏的文本，效果如图 5-25 所示。

图5-25　导航栏文本预览效果

操作提示

1. 选中导航栏的文本，将字体设置为"华文行楷"。
2. 将文字大小设置为"16"，对齐方式设置为"右对齐"。
3. 将文字颜色设置为"#FFFFFF"，然后保存。

5.3　特殊字符的处理

在制作网页时，经常会遇到一些地方需要输入特殊字符，如时间符、货币符、商标符等，这些字符可以通过【插入】菜单来完成。

5.3.1　知识点讲解

对于网页中需要的特殊字符，可以通过执行【插入】/【HTML】/【特殊字符】命令，然后在其子菜单中选择相应的命令即可插入，如图 5-26 所示。

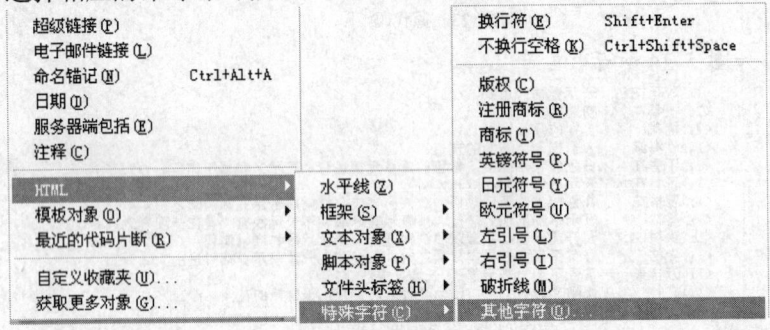

图5-26　特殊字符列表

5.3.2　范例解析（一）——插入水平线

在文本排版中，可以使用水平线来分隔文本。下面来介绍插入水平线的方法。

范例操作

1. 启动 Dreamweaver 8，打开花草园地站点内的"花草寄语.html"文档，将鼠标光置于第 1 段文字的前面，按 Enter 键插入一个空段落，如图 5-27 所示。
2. 将鼠标光置于页面的第 1 行，输入文本"名花寄语"，并设置其为"居中对齐"，字体为"黑体"，颜色为"#3399CC"，如图 5-28 所示。

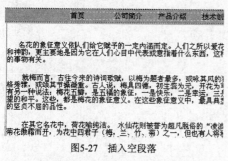

图5-27 插入空段落   图5-28 插入标题

3. 将鼠标光标置于标题后面，执行【插入】/【HTML】/【水平线】命令，即可在标题下面插入一条水平线，如图 5-29 所示。

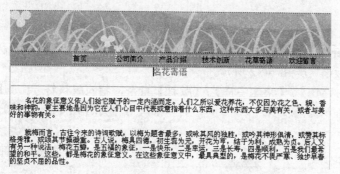

图5-29 插入水平线

4. 单击水平线，在【属性】面板中可以设置水平线的宽、高（粗细）及其对齐方式，如图 5-30 所示。

图5-30 设置水平线

5. 水平线的颜色需要在【代码】视图中设置，单击 代码 按钮，切换到【代码】视图，"<hr>" 标签代表水平线，在其后面添加颜色代码（color="#3399CC"），如图 5-31 所示。

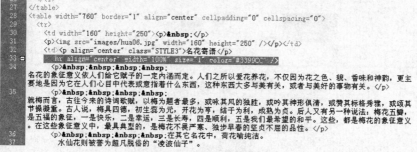

图5-31 设置水平线颜色

6. 在 Dreamweaver 8 工作界面中看不到颜色效果，保存文档，按 F12 键预览，可以看到效果。

【知识链接】

在排版文本时，可以通过添加水平线来分隔文本。水平线的长短、粗细可以在【属性】面板中设置，颜色可以通过代码来实现，或者使用"类"样式。

本例涉及的部分标签及属性的含义如下。

- <hr>: 一条水平线。
- aligen: 对齐方式。
- width: 宽度。
- size: 高度, 此处指水平线的粗细。
- color: 颜色。

5.3.3　范例解析（二）——插入版权符号

本节通过范例来学习插入特殊符号的一般方法。

范例操作

1. 启动 Dreamweaver 8, 打开花草园地站点内的"index.html"文档, 将鼠标光标置于版权区的"Copyright"后面, 如图 5-32 所示。
2. 执行【插入】/【HTML】/【特殊字符】/【版权】命令, 插入版权符号, 如图 5-33 所示。

图5-32　定位鼠标光标

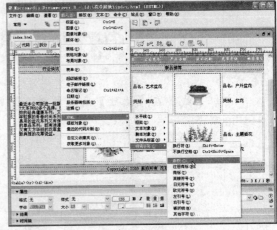

图5-33　执行命令

3. 按 Ctrl+S 组合键保存, 按 F12 键预览效果, 如图 5-34 所示。

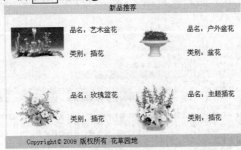

图5-34　插入版权符号

【知识链接】

通过上面介绍的方法可以直接插入的特殊字符列表, 如图 5-35 所示。

选择【其他字符】命令, 可以打开【插入其他字符】对话框, 如图 5-36 所示, 在其中单击选中某一符号, 然后单击 确定 按钮即可将其插入到文档中。

图5-35　常用特殊字符列表

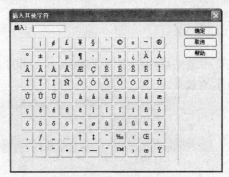

图5-36　其他字符列表

有些符号插入到页面后，需要在浏览器中浏览才能显示出来。

5.3.4　课堂练习——添加字体

Dreamweaver 8 系统自带的字体比较少，用户可以自己添加一些常用的其他字体。下面来介绍具体的操作方法。

操作提示

1. 在【字体】下拉列表中选择【编辑字体列表】选项，如图 5-37 所示，打开【编辑字体列表】对话框。

2. 在【可用字体】列表框中选择某一字体，如图 5-38 所示，单击 << 按钮，将其添加到【选择的字体】列表框中。

图5-37　编辑字体

图5-38　选中字体

3. 单击 确定 按钮，即可将该字体添加到 Dreamweaver 8 的【字体列表】列表框中，如图 5-39 所示。

4. 在【属性】面板中展开【字体】下拉列表，此时可以看到刚刚添加的字体，如图 5-40 所示。

图5-39　添加字体

图5-40　添加成功

5.4　课后作业

1. 打开花草园地站点内的文档"Description004.html"，进行表格和文本的设置，将其变成如图 5-41 所示的效果。

图5-41　目标页面

操作提示

(1) 将右侧嵌套的表格边框设置为"1"，边框颜色为"#99FFCC"。

(2) 设置第 1 行【高】为"100"，第 2 行【高】为"50"，第 3 行【高】为"50"，第 1 列【宽】为"100"，第 2 列【宽】为"304"。

(3) 将第 2 行单元格合并，设置【背景颜色】为"#c0c0c0"。

(4) 单元格内的字体都设置为"华文行楷"，【大小】为"18"。

(5) 在价格数值"100"的后面插入一个英镑货币符号。

2. 创建一个新页面，然后导入一篇 Word 文档，对文档进行编辑。

操作提示

(1) 在 Dreamweaver 8 中创建一个新页面，导入一个 Word 文档。

(2) 对文档进行编辑，直到自己满意为止。

第 **6** 讲

图像处理

- 在网页中插入图像，既可以使网页美观，又可以帮助页面表达主题。

- 插入到页面中的图像可以用 Dreamweaver 自带的编辑功能进行编辑。

- 利用【插入图像对象】功能可以制作出有趣的动感图像效果，增加页面的可浏览性。

6.1　图像的插入

图像是网页中不可缺少的元素，它使页面显得绚丽多彩，也更有利于主题的表达。没有图像的页面很呆板，毫无生色。

在网页中添加适当的图像，可以使网页增色不少，但过多的图像会减慢网页的打开速度。

6.1.1　知识点讲解

在网页中经常使用的图像格式是 JPEG 和 GIF，还有少量图像采用 PNG 格式。

- JPEG 格式：JPEG（Joint Photographic Experts Group，联合图像专家组）是用于摄影或连续色调图像的高级格式，这是因为 JPEG 图像可以包含几百万种颜色。随着 JPEG 文件品质的提高，文件的大小也随之增加。通常通过压缩 JPEG 文件，在图像的品质和文件大小之间达到良好的平衡。

- GIF 格式：GIF（Graphics Interchange Format，可交换的图像格式）形成一种压缩的 8 位图像文件。正因为它是经过压缩的，而且又是 8 位的，所以这种格式的文件大多用于网络传输上，速度要比传输其他格式的图像文件快得多。它的缺点就是不能用于存储真彩色的图像文件。

- PNG 格式：PNG（Portable Network Graphic Format，便携式网络图像格式）是 W3C 组织在 20 世纪 90 年代中期开始开发的一种无损位图文件存储格式，是一种轻便、无法律障碍、压缩性能好且规范好的一个标准，但 PNG 格式只能在支持 PNG 图片格式浏览器的网页中使用。

6.1.2　范例解析——插入图像

在页面中插入图像时，为了防止发生链接错误，一般都需要将图片加入到站点中去。

范例操作

1. 打开花草园地站点内的"Description003.html"文档。
2. 在中部左边第 1 个单元中单击鼠标左键定位鼠标光标，然后执行【插入】/【图像】命令，打开【选择图像源文件】对话框，在【查找范围】下拉列表中找到图片所在目录，单击选中，然后单击 确定 按钮，如图 6-1 所示。

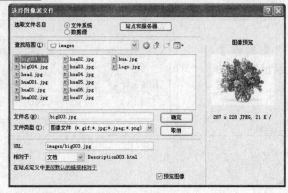

图6-1　选择图片

3. 在弹出的【图像标签辅助功能属性】对话框中，要求设置【替换文本】和【详细说明】选项，在【替换文本】下拉列表框中输入"主题插花"，【详细说明】文本框不填，如图 6-2 所示。

4. 单击 确定 按钮，图片就被插入到页面中，如图 6-3 所示。

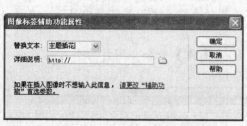

图6-2 【图像标签辅助功能属性】对话框

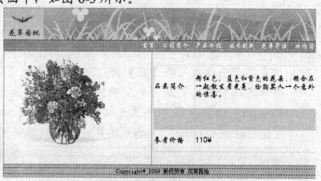

图6-3 插入图片

【知识链接】

一、 插入图片的几点注意

(1) 在插入图片之前，最好对图片进行适当的美化操作。

(2) 待插入的图片最好事先放在与网页文件相同的根目录下。

(3) 在页面上插入图片前，先定位好鼠标光标的位置。

二、 图片相关问题

(1) 单击页面中的图像，在标签选择器中出现"<img>"标签，此为图像标签。

(2) 在创建站点的时候，一般都会在根目录下创建一个"images"文件夹，用于专门存放图片文件。若插入的图片与网页文件不在相同的根目录下，系统会提示用户复制图片到根目录下，如图 6-4 所示，单击 是(Y) 按钮，打开【复制文件为】对话框，在根目录下打开"images"文件夹，然后单击 保存(S) 按钮即可，如图 6-5 所示。

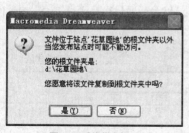

图6-4 系统信息提示

图6-5 保存图片

(3) 【图像标签辅助功能属性】对话框中的选项功能如下。

- 【替换文本】：用于设置当鼠标指针悬停在图片上时弹出的提示文本，或者在打开网页文件时，由于网速、浏览器等原因，造成图片不能正常下载，无法显示图片，此处设置的文本将代替图片显示。

- 【详细说明】：用于设置当用户单击图像时显示的文件位置，或者单击文件夹图标以浏览到该文件。该文本框提供指向与图像相关（或提供有关图像的更多信息）的文件的链接。一般不需要设置。

6.1.3　课堂练习——在信息采集表中插入照片

掌握了图片的插入方法，下面自己动手练习在信息采集表中插入照片。

操作提示

1. 在个人站点中打开"个人信息采集表.html"。
2. 在表格后面插入一个【宽】为"600"像素的 1 行 2 列的表格，并设置其居中显示，在第 1 个单元格中输入文本"个人照片"，如图 6-6 所示。
3. 将鼠标光标置于第 2 个单元格，然后执行【插入】/【图像】命令（图片为个人站点内的 "images\renwu.jpg"），插入图片，最终效果如图 6-7 所示。

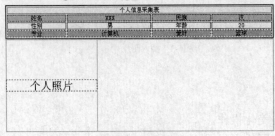

图6-6　插入表格

图6-7　插入图片

4. 按 Shift + Ctrl + S 组合键将此文件另命名为"个人信息采集表_6.html"保存。

6.2　设置图像格式

图片插入后，可以通过图片的【属性】面板或者菜单命令来设置图片的格式。

6.2.1　知识点讲解

一、　设置图像格式

选中图像后，通过【属性】面板可以设置图片的宽、高、链接、对齐方式，更改源文件，替换文本等，如图 6-8 所示。

图6-8　图片【属性】面板

二、　编辑和美化图像

除了对图像的格式进行设置外，在【属性】面板的图像编辑区（见图 6-8）中还可以对图像进行编辑美化操作，如对图像进行编辑、裁剪、亮度和对比度的调整以及锐化等操作。

6.2.2　范例解析（一）——调整图片格式

插入图片后，需要对图片进行必要的格式设置。

范例操作

1. 打开花草园地站点内的 "Description003_6.html" 文档。

2. 选中中间部分左边的图像，【属性】面板中显示了相应的设置项，如图6-9所示。

3. 在【属性】面板的【高】和【宽】文本框中分别输入新的数值，如图6-10所示。大小发生改变后，在【高】和【宽】文本框后出现 ↻ （撤销）按钮，单击 ↻ 按钮可以撤销先前的大小设置，维持原图大小。

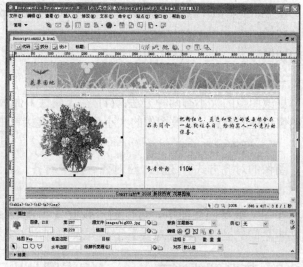

图6-9　选中图像

图6-10　改变大小

> 也可以通过拖曳图像边框的黑色控点来改变图像的大小。为了让图片不过分地变形走样，在设置大小时尽量使高宽等比例缩放。

4. 设定边距：选中图像后，在【属性】面板的【垂直边距】和【水平边距】文本框中都输入"20"，按后按 Enter 键，如图6-11所示。

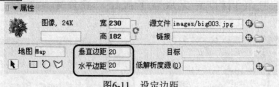

图6-11　设定边距

> 【垂直边距】和【水平边距】文本框主要用在图文混排时设置图片和四周文本之间的间距。

5. 选中图像后，单击【属性】面板上的 ≡ 按钮，将图像设置为在单元格中居中对齐，如图6-12所示。

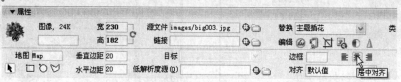

图6-12　居中对齐

> **要点提示** 插入图像后，默认的对齐方式是左对齐。图文混排时，可以通过【对齐】下拉列表选择与文本的对齐方式。

6. 按 `Shift`+`Ctrl`+`S` 组合键将此文件命名为 "Description003_6_1.html" 保存，并按 `F12` 键预览效果。

【知识链接】

一、 更改图像大小

更改图像的大小有两种方法：(1) 在【属性】面板中设置【高】和【宽】文本框；(2) 直接拖曳图像边框的控点。更改图像的大小后，可以直接单击 C 按钮，将图片恢复到初始大小。

二、 设置对齐方式

图像的对齐方式有 3 种：左对齐、居中对齐、右对齐。默认的对弃方式是左对齐。

三、 图文混排

在图文混排的页面中，可以通过设置【垂直边距】和【水平边距】文本框来设置图片和四周文本之间的间距。在【对齐】下拉列表中列出了多种图文混排的对齐方式。

6.2.3　范例解析（二）——编辑图片

用户可以根据需要，对插入到页面中的图像进行简单的编辑操作。

范例操作

1. 打开花草园地站点内的 "Description003_6_1.html" 文档，选中图片，在【属性】面板的图像编辑区，单击 按钮，如图 6-13 所示。

图6-13　单击编辑按钮

2. 打开 Dreamweaver 8 默认的图像编辑软件 Fireworks 对图片进行编辑，如图 6-14 所示。

3. 在图像编辑区，单击 $\square$（裁剪）按钮，此时图像四周出现了 8 个控点，拖曳控点可以对图片进行裁剪，然后按 `Enter` 键即可完成裁剪操作，操作完毕单击 完成 按钮即可，如图 6-15 所示。

图6-14　在图像编辑器中编辑图像　　　　图6-15　裁剪图像

为了不让系统再弹出这样的提示框，可以勾选【不再显示这个信息】复选框。

4. 选中图片，在图像编辑区单击 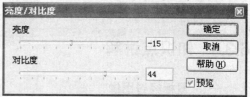（亮度和对比度）按钮，打开【亮度/对比度】对话框，设置【亮度】为 "-15"，【对比度】为 "44"，如图 6-16 所示，单击 确定 按钮保存设置。

图6-16 亮度/对比度设置

5. 再次选中图片，在图像编辑区，单击 △（锐化）按钮，打开【锐化】对话框，如图 6-17 所示，将锐化度设置为 "2"，效果如图 6-18 所示。

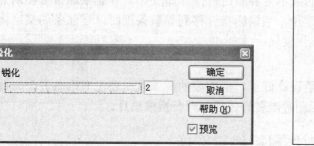

图6-17 设置锐化

图6-18 锐化后的效果

6. 按 Shift+Ctrl+S 组合键将此文件另命名为 "Description003_6_2.html" 保存。

6.2.4 课堂练习——更改个人照片

学习了图像的格式设置和图像的编辑操作后，自己动手设置图像，如图 6-19 所示。

操作提示

1. 打开个人站点内的 "个人信息采集表_6.html"，将照片设置为居中对齐。
2. 选中图片，在图像编辑区，单击 ● 按钮，在【亮度/对比度】对话框中设置参数如图 6-20 所示。

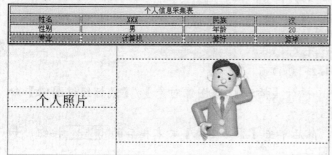

图6-19 设置照片

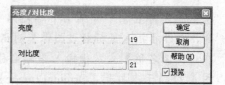

图6-20 设置亮度和对比度

3. 按 Shift+Ctrl +S 组合键将此文件命名为 "个人信息采集表_6_1.html" 保存。

6.3 插入图像对象

在 Dreamweaver 8 中，系统为用户提供了一些特殊的功能，如鼠标经过图像、导航条、占位符等。

6.3.1 知识点讲解

一、 鼠标经过图像

在浏览器中，当鼠标指针经过图像时，该图像发生变化，这就是鼠标经过图像。它实际上是由两个图像组成的，当鼠标指针不在图像上时，显示原来图像；当鼠标指针经过图像时，则显示另外一个图像。

二、 导航条

由图像或图像组组成，这些图像的显示内容随用户操作而变化。导航条通常为在站点上的页面和文件之间移动提供一条简捷的途径。当鼠标指针移到导航条上时，导航条的文字内容变成图片按钮，当按下鼠标左键时又将发生变化。

三、 占位符

设计网页时，如果页面的框架已经设计好了，但需要的图像素材还没有准备齐全，此时可以插入一个指定大小的占位符，等以后图片准备好之后，再替换成图片。

6.3.2 范例解析（一）——制作鼠标经过图像

下面来介绍制作鼠标经过图像的具体步骤。

范例操作

1. 打开花草园地站点内的 "Product_display.html" 文档，如图 6-21 所示。

图6-21　初始页面

2. 将鼠标光标置于中部第 1 个单元格中，执行【插入】/【图像对象】/【鼠标经过图像】命令，打开【插入鼠标经过图像】对话框。

3. 在【图像名称】文本框输入图像名称，然后单击【原始图像】文本框后的 浏览... 按钮，如图 6-22 所示，打开【Original Image】对话框。

4. 在【查找范围】下拉列表中打开原始图像所在目录，选中目标图像，如图 6-23 所示，然后单击 确定 按钮。

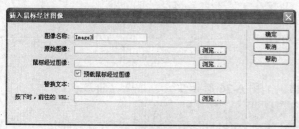

图6-22 【插入鼠标经过图像】对话框

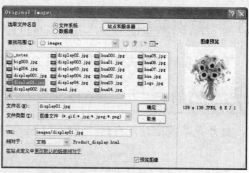

图6-23 插入原始图片

5. 用同样的方法，设置【鼠标经过图像】的图片，然后在【替换文本】文本框中输入替换文本，在【按下时，前往的 URL】文本框中输入超级链接的地址，然后单击 确定 按钮，如图 6-24 所示。

图6-24 设置参数

> **要点提示** 此处的【原始图像】与【鼠标经过图像】是预先制作好的，存放于花草园地站点内的"images"文件夹里，"display01.jpg"和"display001.jpg"为一组，且图像大小相同，这样在浏览时不会引起页面结构的变动。

6. 用同样的方法在其他 3 个单元格中也插入鼠标经过图像，结果如图 6-25 所示。

7. 按 Shift+Ctrl+S 组合键，将此文件命名为"Product_display_1.html"保存，按 F12 键浏览网页效果。

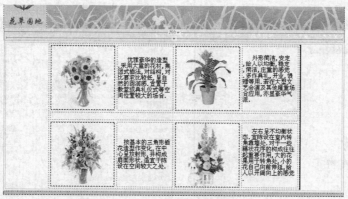

图6-25 插入鼠标经过图像

【知识链接】

【插入鼠标经过图像】对话框中的各项参数说明如下。

- 【图像名称】：设置鼠标经过图像的名称。
- 【原始图像】：即鼠标没有移动到上面时显示的原始图像。
- 【鼠标经过图像】：鼠标移动到上面时显示的图像。
- 【预载鼠标经过图像】：预先载入鼠标经过图像，可以提高浏览图片的速度。
- 【替换文本】：当鼠标指针移动到原始图片上面时显示的文本信息。
- 【按下时，前往的 URL】：给图像设置超级链接。

6.3.3　范例解析（二）——制作导航条

下面以实例的形式来介绍导航条的制作方法。

范例操作

1. 打开花草园地站点内的"index_1.html"文档，如图 6-26 所示。

图6-26　初始页面

2. 单击导航条定位鼠标光标，然后执行【插入】/【图像对象】/【导航条】命令，打开【插入导航条】对话框。
3. 在【项目名称】文本框中输入"dh01"，单击【状态图像】文本框后面的 浏览... 按钮，如图6-27 所示。
4. 在打开的【选择图像源文件】对话框中，找到状态图像"dh01.jpg"，选中后单击 确定 按钮，如图 6-28 所示。

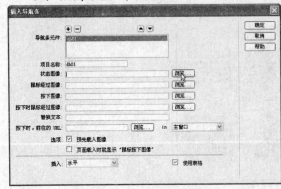

图6-27　【插入导航条】对话框

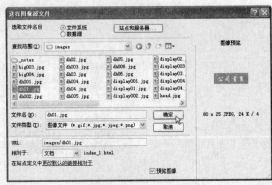

图6-28　插入状态图像

要点提示　用于制作导航条的图片需要预先制作好，并且大小要相同。读者可以借助 Photoshop 预先制作出需要的图像。

5. 返回【插入导航条】对话框，再单击【鼠标经过图像】文本框后的 浏览... 按钮，打开【选择图像源文件】对话框，插入图像"dh001.jpg"，选中后单击 确定 按钮，再返回到【插入导航条】对话框，如图 6-29 所示。

要点提示　此处选择设置两种状态图片，即【状态图像】和【鼠标经过图像】。另外两种状态图片读者可以自行设置。

6. 设置【按下时，前往的 URL】为 "index.html"，即设置图像的超级链接地址；在【插入】下拉列表中选择 "水平"，即设置导航条是水平显示方式，其余使用默认选项，如图 6-30 所示，这就完成了一个栏目的设置。

图6-29　插入鼠标经过图像

图6-30　设置其他项

7. 单击＋按钮，继续插入另一个栏目，重复步骤 3 ~ 6，结果如图 6-31 所示。同样的方法插入其他 4 个栏目，最终结果如图 6-32 所示。

图6-31　插入第 2 个栏目

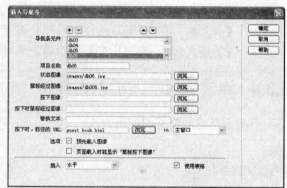

图6-32　插入其他栏目

要点提示 在【导航条元件】列表框中选中某一条，按—按钮，可以删除此项目。有多个项目时可以使用▲、▼按钮来排序。

8. 单击 确定 按钮，即可完成导航条的插入，将导航条设置为 "右对齐"，预览效果如图 3-33 所示。

图6-33　导航条的效果

9. 按 Shift+Ctrl+S 组合键，将此文件命名为 "index_2.html" 保存。

要点提示　一个页面只可以插入一个导航条；如果想修改导航条，可以执行【修改】/【导航条】命令，调出【插入导航条】对话框，更改设置。

【知识链接】

【插入导航条】对话框中的各项参数说明如下。

- 【项目名称】：用于设置导航条上每一个项目的名称。
- 【状态图像】：用于设置在页面中显示的初始图像。
- 【鼠标经过图像】：用于设置鼠标指针移到初始图像时显示的图像。
- 【按下鼠标】：用于设置按下鼠标时显示的图像。
- 【按下时鼠标经过图像】：用于设置按下鼠标时鼠标经过的图像。
- 【替换文本】：用于设置当鼠标指针移到图像上显示的文本。
- 【按下时，前往的 URL】：用于设置按下鼠标时前往的链接地址。
- 【预先载入图像】：勾选该复选框，可以预览图像效果。
- 【页面载入时就显示 "鼠标按下图像"】：勾选该复选框，在页面载入时显示的是按下图像。
- 【插入】：用于设置导航栏在页面的显示方式，"水平" 或者 "垂直"。
- 【使用表格】：用于设置是否在导航条外套上一个表格框，勾选表示使用。

6.3.4　课堂练习——插入占位符

下面来介绍占位符的使用方法。

操作提示

1. 打开花草园地站点内的 "Description002.html" 文档，将鼠标光标置于第一个空单元格中，然后执行【插入】/【图像对象】/【占位符】命令，打开【图像占位符】对话框。
2. 设置好相关的参数，如图 6-34 所示，然后单击 确定 按钮。这样即可插入占位符，如图 6-35 所示。

图6-34　设置参数　　　　　　　　　图6-35　插入占位符

6.4 课后作业

1. 替换占位符。

操作提示

(1) 打开花草园地站点内的"Description002.html"文档，如图 6-35 所示。

(2) 双击占位符，打开【选择图像源文件】对话框，找到替换图像"big002.jpg"，选中后单击 确定 按钮，即可替换占位符，如图 6-36 所示。

图6-36 替换占位符

2. 参考范例，自己制作一个导航条，项目内容自定。

操作提示

(1) 首先用图像处理软件制作出若干组需要的图像。

(2) 参考范例 6.3.3 的操作步骤，制作一个垂直导航条。

第 **7** 讲

应用超级链接

- 在网页中可以通过多种方法为对象添加超级链接，实现页面的跳转。

- 在内容很长的页面中可以通过建立锚记链接，直接跳转到指定的位置。

- 利用图像映射，可以将一个图片链接到不同的对象上去。

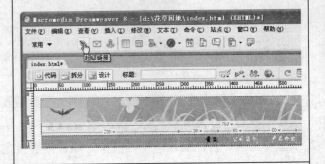

7.1 认识超级链接

一个网站是由许多单个页面组成的，通过超级链接技术实现从一个页面跳转到另一个页面，可以说超级链接是网络的核心，它的存在，使得相互独立的网页变成了一个有机的整体，也使得浏览网页变得轻松愉快。

7.1.1 知识点讲解

超级链接是指从一个对象指向另一个对象的链接关系，源对象可以是文本、图像、按钮等，目标对象可以是一个页面、一张图片、一个文件、一个邮件地址或者一个应用程序等。

当鼠标指针移到添加了超级链接的对象上时，指针就变成了 状，在超级链接对象上单击后，链接目标将被打开或者运行。在默认状态下，如果为文本添加了超级链接后，那么该文本就显示为蓝色字体且带有下划线，用于与普通文本区别，单击后文本的颜色又会发生改变。用户也可以在页面属性里修改链接的显示状态。

在网页中最常用到的是文本超级链接和图片超级链接。

7.1.2 范例解析——创建文本超级链接

浏览网页时都有这样的体会，在大多数的网站首页中，占主体部分的都是文本链接内容，单击这些文本，即可跳转到目标对象。下面来介绍创建文本超级链接的方法。

范例操作

1. 打开花草园地站点内的"index.html"文档。
2. 在导航栏中选中"首页"文本，然后单击【常用】插入栏中的 （超级链接）按钮，如图7-1所示。
3. 打开【超级链接】对话框，在【文本】文本框中输入链接文本，在【链接】下拉列表框中输入目标网页名称或者单击 按钮选择目标文件，在【目标】下拉列表中选择打开目标的位置，在【标题】文本框中输入相关文本，如图7-2所示。

图7-1 单击插入超级链接按钮

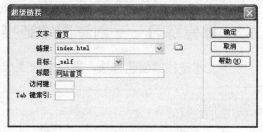

图7-2 【超级链接】对话框

4. 单击 确定 按钮，关闭【超级链接】对话框，可以看到"首页"文本变成蓝色，且带有下划线，表明添加超级链接成功。
5. 用同样的方法设置导航栏中的其他超级链接，命名为"index_6.html"保存。
6. 按 F12 键预览效果，将鼠标指针移到超级链接对象上时，指针变成 状，单击鼠标左键可打开链接对象。

【知识链接】

一、 【超级链接】对话框

【超级链接】对话框中常用选项功能如下。

- 【文本】：用于设置在页面中显示的带有超级链接的文本，
- 【链接】：用于设置单击超级链接后将要跳转到的目标对象。
- 【目标】：用于设置目标对象的打开位置。"_bank"代表在一个新窗口中打开链接对象；"_self"表示在当前窗口中打开链接对象，它是系统的默认值；"_parent"和 "_top"都表示在一个完整的窗口打开链接对象。
- 【标题】：用于设置鼠标指针移到超级链接文本上时显示的文字。

二、 更改链接的显示

默认情况下，带超级链接的文本显示为蓝色，且带有下划线，用户可以自行设置不同的显示状态。

在【属性】面板中单击 ▢页面属性... 按钮，打开【页面属性】对话框，在【分类】列表框中选择【链接】选项，然后在右侧的面板中进行具体的设置，如图 7-3 所示。

图7-3　设置链接显示效果

三、 代码表示

超级链接的代码标记为 "<a href="">链接对象</a>"，如首页的超级链接标记为：

```
<a href="index.html" title="网站首页" target="_parent">首页</a>
```

其中，"title"显示【标题】文本框中的内容，"target"就是【目标】下拉列表中的内容。

7.1.3　课堂练习——创建图像链接

参考文本链接的创建方法，下面来给图像添加超级链接。

操作提示

1. 打开花草园地站点内的 "index_6.html" 文档。
2. 选中第 1 个图片，在【属性】面板中单击【链接】文本框后的▢按钮，如图 7-4 所示，打开【选择文件】对话框。

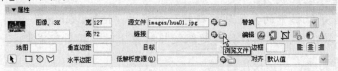

图7-4　添加链接文件

3. 找到目标文件 "Description001.html"，然后单击 确定 按钮，如图7-5 所示。

图7-5 选择文件

4. 为图像创建超级链接完成，【属性】面板如图 7-6 所示。

图7-6 创建链接后的属性面板

5. 按 Shift+Ctrl+S 组合键将此文件另命名为 "index_6_1.html" 保存，按 F12 键预览效果。

要点提示 上面的范例和练习分别使用了不同的创建超级链接的方法，这两种方法是添加超级链接最基本的方法。相比较而言，采用【属性】面板设置超级链接较为方便。

7.2 超级链接的种类

超级链接主要根据目标对象的路径或者性质进行区分。

7.2.1 知识点讲解

根据链接对象的路径不同，可以分为内部链接、外部链接和锚记链接。

- 内部链接：链接到当前网站内的其他网页，上一节所列举的两个例子都是内部链接。
- 外部链接：链接到网站外的其他网页，在【链接】文本框中输入完整的地址，如链接到搜狐网站首页，则要输入 "http://www.sohu.com"。
- 锚记链接：链接到当前打开的网页中的某个指定位置。

根据链接对象的性质不同，链接又可分为文本链接、图像链接、电子邮件链接、多媒体文件链接和空链接等。其中的文本链接和图像链接在上一节介绍过，这里不再介绍，需要强调的是图像链接的一个特例——热点链接。

- 热点链接：链接指向一张图片的某一部分。
- 电子邮件链接：链接指向一个 E-mail 地址。
- 多媒体文件链接：链接指向一个多媒体文件。
- 空链接：链接不指向任何目标文件，一般用 "#" 代替。

7.2.2　范例解析（一）——锚记链接

如果页面中的内容很长，寻找内容很不方便，需要滚动好几屏，这时可以通过建立锚记链接以直接跳转到指定的位置。

1. 打开花草园地站点内的"花草寄语_2.html"文档。
2. 在标题后单击鼠标左键，定位鼠标光标，在【常用】插入栏上单击锚记按钮 ，如图 7-7 所示，打开【命名锚记】对话框。

图7-7　单击锚记按钮

3. 在【锚记名称】文本框中输入名称"no1"，如图 7-8 所示。
4. 单击 确定 按钮后，就在鼠标光标所在处插入了锚记符号，如图 7-9 所示。

图7-8　命名锚记　　　　　　　　　　　　　图7-9　插入锚记符号

5. 移动鼠标光标到页面的底部，在右下角输入文字"回到顶部"，如图 7-10 所示。

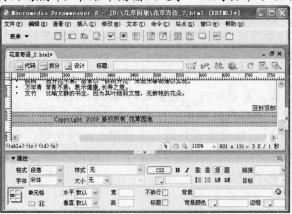

图7-10　定位锚记激发点

6. 选中"回到顶部"文本，在【属性】面板的【链接】下拉列表框中输入"#no1"，如图 7-11 所示。

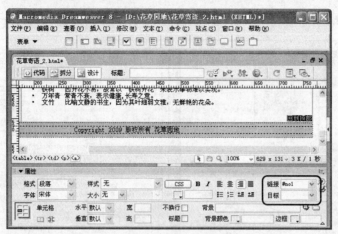

图7-11　添加锚记链接

7. 保存后，按 F12 键查看效果。在页面底部单击"回到顶部"文本，可以看到页面迅速回到了顶部，如图 7-12 所示。

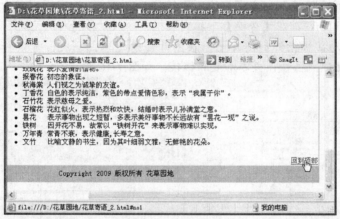

图7-12　单击锚记链接点

要点提示　本例中只插入了一个锚记，若是在很长的页面中，用户可以插入多个锚记，用来跳转到不同的指定位置。锚记的链接格式是：#锚记名称。

7.2.3　范例解析（二）——热点链接

通过前面学习，读者已经知道如何把一张整图片作为一个整体添加一个超级链接。若想在一张图片上添加多个链接，就需要借助图片的热点链接操作。

热点链接又叫图像映射，它是指将一个图片划成多个区域，每个区域链接到不同的对象上去。当浏览者单击映射图时，浏览器会自动判断鼠标单击在哪个热点上，并根据判断跳转到相应的对象上去。

范例操作

1. 打开花草园地站点内的"ahout_us.html"文档。
2. 选中公司建筑结构图，在【属性】面板中出现热点工具。单击 □（矩形热点工具）按钮，如图 7-13 所示。

3. 移动鼠标指针到图片上，在"接待厅"区域按住鼠标左键拖曳，绘制出一个矩形区域，如图 7-14 所示。

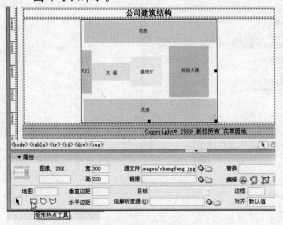

图7-13　单击矩形热点工具　　　　　　　　　图7-14　绘制一个区域

4. 在【属性】面板的【链接】文本框中输入要链接的网页"jiedaiting.html"，在【目标】下拉列表框中选择"_blank"，在【替换】下拉列表框中输入"接待厅"，如图 7-15 所示。

5. 操作完毕后，移动鼠标指针到图片上，在图片任意处单击一次，等鼠标指针变成十形状后，继续绘制其他热点区域，并添加超级链接，如图 7-16 所示。

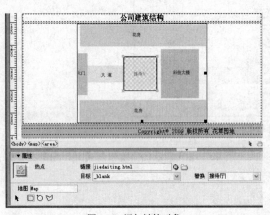

图7-15　添加链接对象

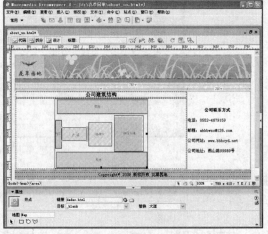

图7-16　添加其他热点

6. 所有的热点区域制作完毕后，将文件保存，按 F12 键查看效果。单击不同的热点区域，将跳转到不同的页面，如图 7-17 所示。

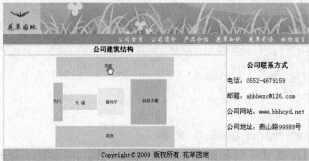

图7-17　查看效果

7.2.4 课堂练习——电子邮件链接

电子邮件链接是指连接到 E-mail 地址的链接。如果用户的机器已经安装了 Outlook、Foxmail 等邮件软件，在浏览网页时单击一个 E-mail 地址链接就会自动打开一个邮件发送窗口，并且地址栏已经自动添加了链接的 E-mail 地址。

操作提示

1. 打开花草园地站点内的 "ahout_us.html" 文档。
2. 在右侧选中文本 "ahbbwzc@126.com"，在【属性】面板上的【链接】下拉列表框中直接输入 "mailto:ahbbwzc@126.com"，如图 7-18 所示。
3. 保存后，按 F12 键预览。单击 "ahbbwzc@126.com" 处，则自动打开邮件发送窗口，如图 7-19 所示。

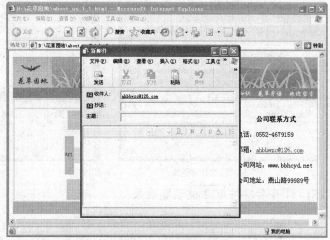

图7-18　添加邮件链接地址　　　　图7-19　自动运行邮件程序

 用户也可以在编辑窗口中执行【插入】/【电子邮件链接】命令，然后在弹出的【电子邮件链接】对话框中输入 E-mail 地址，这样也可以添加邮件链接地址。

7.3 课后作业

1. 为 "ahout_us.html" 文档的 "公司网站" 添加外部链接地址 "http://www.bbhjsg.net"。

操作提示

(1) 打开 "ahout_us.html" 文档，选中 "www.bbhjsg.net" 文本。
(2) 在【属性】面板的【链接】下拉列表框中输入完整的域名地址 "http://www.bbhjsg.net"，保存退出即可，如图 7-20 所示。

要点提示 创建对象的外部链接时，【链接】下拉列表框的域名网址要填写完整，前面的 "http://" 不能省略，否则将打不开链接对象。

2. 打开个人站点中的 "古诗_2.html"，给作者孟浩然添加一个超级链接，指向一个 Word 文档。

操作提示

(1) 打开"个人站点中的"古诗_2.html"。

(2) 选中文本"孟浩然"，单击【属性】面板中【链接】下拉列表框右侧的 按钮，找到 "jianjie.doc"，如图 7-21 所示。

图7-20 添加外部链接

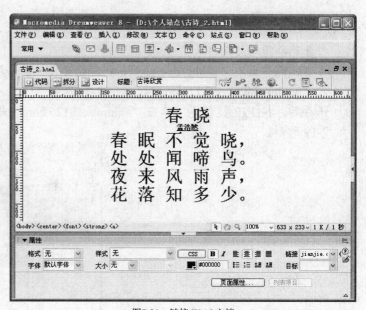

图7-21 链接 Word 文档

(3) 保存后，按 F12 键预览效果。

第 **8** 讲

框架的使用

- 通过程序自带的预定义框架集可以快速地创建不同类型的框架集。

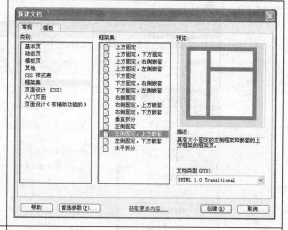

- 通过【属性】面板可以设置框架和框架集的大部分属性。

- 可以利用框架技术来设计网页，使得页面各个部分各自显示自己的内容。

8.1 认识框架

前面章节介绍了如何使用表格来设计网页，这一节学习使用框架设计网页的方法。使用框架可以将页面分成多个部分，并且每个部分显示不同的页面内容。

8.1.1 知识点讲解

每个框架页面都是由框架和框架集组成的。

框架是浏览器窗口中的一个区域，独立显示一个 HTML 文档内容，这部分内容既可以与浏览器其他区域的内容毫无关系，也可以与其他区域的内容合成一个整体。

框架集是一个 HTML 文件，它定义一组框架的布局和属性，包括框架的数目、大小和位置以及在每个框架中初始显示页面的 URL。框架集文件本身不包含要在浏览器中显示的 HTML 内容，但 noframes 部分除外，框架集文件只是向浏览器提供应如何显示一组框架以及在这些框架中应显示哪些文档的有关信息。

框架用得最多的场合就是导航，一组框架用来显示导航栏，另一组框架用来显示具体内容。如图 8-1 所示是一个左右结构的框架页面，左侧显示的是导航栏，右侧是主框架，用来显示左侧每个栏目的具体信息。

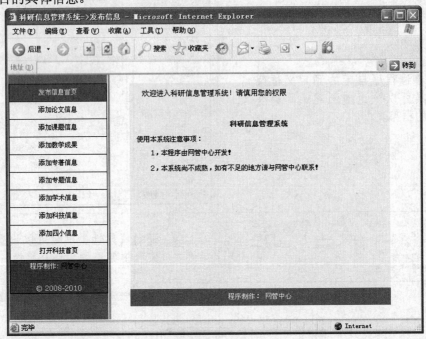

图8-1　框架页面

要点提示 请注意，框架不是文件，当前显示在框架中的文档并不是构成框架的一部分。框架是存放文档的容器，任何一个框架都可以显示任意一个文档。

8.1.2 范例解析（一）——使用预定义创建框架集

简单地说，预定义就是指 Dreamweaver 8 自带的。通过预定义的框架集，用户可以很容易地选择自己要创建的框架集类型。

 范例操作

1. 在 Dreamweaver 8 的起始页中，执行【从范例创建】/【框架集】命令，如图 8-2 所示。
2. 打开【新建文档】对话框，然后在【常规】选项卡的【类别】选项组中选择【框架集】选项，在【框架集】列表中选择【左侧固定，上方嵌套】选项，如图 8-3 所示。

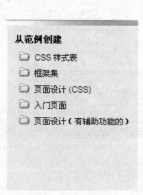

图8-2 从起始页创建

图8-3 选择框架集样式

3. 单击 创建(R) 按钮，弹出【框架标签辅助功能属性】对话框，在【框架】下拉列表框中选择一个框架，并在【标题】文本框中输入一个标题，然后单击 确定 按钮，如图 8-4 所示。也可以单击 取消 按钮，采用默认的标题。这样就创建一个框架集，如图 8-5 所示。

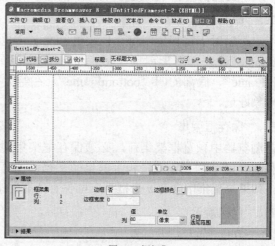

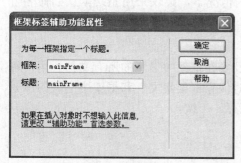

图8-4 指定标题

图8-5 框架集

4. 框架页面创建好以后，需要保存页面。执行【文件】/【保存全部】命令，打开【另存为】对话框，在【保存在】下拉列表框中选择个人站点根目录下，在【文件名】文本框输入"框架集.html"，如图 8-6 所示。
5. 单击 保存(S) 按钮，弹出【另存为】对话框，同时窗口右下角的框架显示为被选中状态，其周围为虚线框，在【文件名】文本框中输入"main.html"，然后单击 保存(S) 按钮，如图 8-7 所示。
6. 用同样的方法将顶部的框架保存为"top.html"，左边的框架保存为"left.html"，这样便完整地保存了整个框架集。

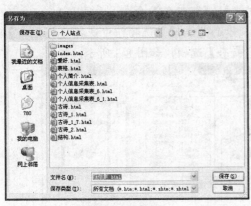

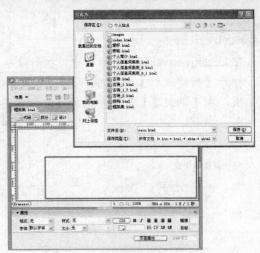

图8-6　保存框架集　　　　　　　　　　　　　　图8-7　保存框架集

【知识链接】

一、　创建方法

除了可以从起始页创建框架集外还有以下几种创建方法。

(1)　在【布局】插入栏中单击 图标右侧的倒三角，打开下拉列表，单击选择需要的框架样式即可。

(2)　执行【插入】/【HTML】/【框架】命令，然后选择某一个框架集即可。

(3)　执行【文件】/【新建】/【框架集】命令也可以创建框架集。

二、　命名方法

用户可以对于框架集中每个框架进行命名，也可以采用默认的框架名称，如左边框架就叫"leftFrame"、顶部框架就叫"topFrame"、中间的主要内容框架叫"mainframe"、右边的叫"rightFrame"、底部的叫"bottomFrame"。在绝大多数的情况下，建议采用系统默认的命名方法，形象好记。

三、　保存框架集

在浏览器中预览框架集前，必须保存框架集文件以及要在框架中显示的所有文档。用户可以单独保存每个框架集文件和带框架的文档，也可以同时保存框架集文件和框架中出现的所有文档。如果框架集中含有 n 个框架，则保存所有时需要保存 $n+1$ 次。

四、　代码表示

(1)　<frameset>

"<frameset>"宣告 HTML 文件为框架模式，并设定窗口如何分割，每一窗框至少含有一个"<frame>"标记，"<frame>"必须在"<frameset>"范围中使用。

"<frameset>"是成对使用的，例如：

```
<frameset rows="85,*" cols="*" framespacing="0" frameborder="no" border="0">
    <frame src="top.html" name="topFrame" frameborder="yes" scrolling="No" noresize="noresize" id="topFrame" />
    <frame src="main.html" name="mainFrame" frameborder="yes" scrolling="no" marginwidth="0" id="mainFrame" />
</frameset>
```

其中主要代码含义如下。

- rows: 设定行数和尺寸。
- cols: 设定列数和尺寸。
- framespacing: 表示框架与框架间保留的空白的距离。
- frameborder: 设定是否显示框架的边框。
- border: 设定框架的边框厚度，以像素为单位。

(2) <frame>

"<frame>"代表具体的框架，代码标签为"<frame ... />"，中间添加参数，如本例中的主框架的代码表示为:

    <frame src="main.html" name="mainFrame" frameborder="yes" scrolling="no" bordercolor="#666666" id="mainFrame" />

其中主要代码含义如下。

- src: 框架显示的内容页面。
- name: 框架名称。
- frameborder: 是否显示边框。
- scrolling: 是否有滚动条。
- bordercolor: 边框颜色。
- id: 框架标识。

8.1.3 范例解析（二）——自定义框架

使用预定义插入的框架集并不一定完全符合用户的需要，用户可以根据自己的需要，进一步设计自己的框架集。

范例操作

1. 打开个人站点内的"框架集.html"文档。
2. 执行【查看】/【可视化助理】/【框架边框】命令，使框架的边框在设计窗口中可见。
3. 将鼠标光标置于需要变动的顶部框架内，执行【修改】/【框架页】/【拆分左框架】命令，可见顶部的框架被拆分为两个框架了，如图 8-8 所示。
4. 用同样的方法，将主框架拆分成两个框架，如图 8-9 所示。

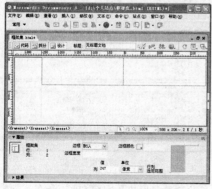

图8-8 顶部被拆分成两个框架

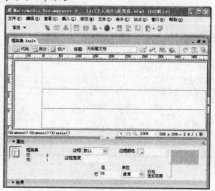

图8-9 主框架被拆分成两个框架

5. 将框架集另存为"框架集_1.html"，退出。

【知识链接】

　　当用户需要的框架比较复杂时，可以先添加一个简单的外框，然后通过如图 8-10 所示的【修改】菜单来进一步划分具体的框架。

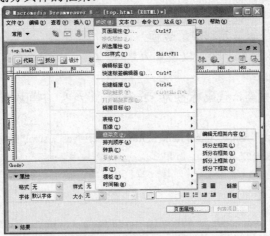

图8-10　【修改】菜单

8.1.4　课堂练习——删除框架

　　框架集中的框架不可以直接删除，要想删除框只需将要删除框架的边框拖出编辑区即可，下面来通过实例来说明。

操作提示

1. 打开"框架集_1.html"文档，将鼠标指针移到需要删除框架的边框上，待指针变成↕形状时，按住鼠标左键不放，如图 8-11 所示。
2. 向下拖曳鼠标，直到编辑框的底部，释放鼠标左键即可，如图 8-12 所示。

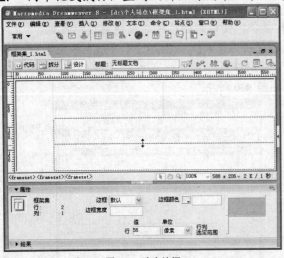

图8-11　选中边框

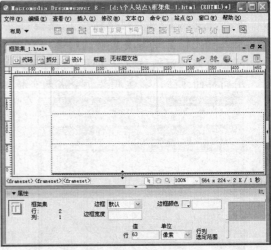

图8-12　将边框拖到底部

要点提示 若页面中有多个框架，不便拖到编辑窗口的边框，可将其拖到其父框架的边框上去；如果要删除的框架中的文档没有保存或者经过修改后尚未保存，Dreamweaver 就会提示用户保存该文档。

8.2 设置框架属性

成功创建框架和框架集后，需要对框架和框架集的属性进行设置。选中框架或框架集后，通过各自的【属性】面板可以设置绝大部分属性。

8.2.1 知识点讲解

为了便于选择框架和框架集，首先将【框架】面板调出来。在主菜单上执行【窗口】/【框架】命令，如图 8-13 所示，调出【框架】面板组，如图 8-14 所示。

同时可执行【查看】/【可视化助理】/【框架边框】命令，使编辑区的框架边框可见，这样方便编辑。

图8-13 【窗口】菜单

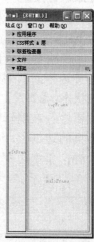

图8-14 【框架】面板

8.2.2 范例解析（一）——选择框架和框架集

要设置框架和框架集的属性，首先要选择该框架和框架集。常用的选择框架和框架集的方法有两种：从编辑窗口选择和从【框架】面板选择。

范例操作

1. 打开个人站点内的"框架集.html"文档。
2. 执行【查看】/【可视化助理】/【框架边框】命令，将编辑区的框架边框可见。
3. 在【框架】面板上直接单击选中"topFrame"框架，则编辑区中被选中的框架边框呈虚线状态，如图 8-15 所示。
4. 在【框架】面板中单击框架集的边框，可以选中整个框架集，此时编辑区的框架集边框呈虚线状态，如图 8-16 所示。

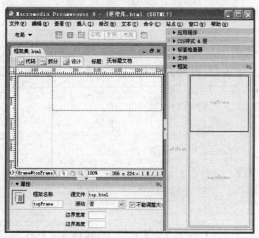

图8-15 用面板选择框架

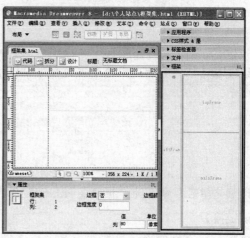

图8-16 用面板选择框架集

5.　这就是采用【框架】面板选中框架和框架集的方法。

【知识链接】

另一种选中框架和框架集的方法如下。

在编辑区按住 Alt 键的同时单击需要选择的框架，此时框架内侧呈虚线状态，【属性】面板显示此框架的相关属性；在编辑区移动鼠标指针到框架集的边框上，待鼠标指针变成 ↕ 形状时，单击边框，将框架集选中，如图 8-17 所示。

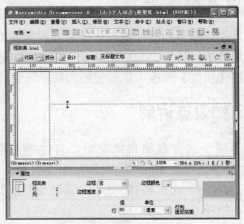

图8-17　在编辑区选中框架集

8.2.3　范例解析（二）——设置框架属性

框架被选中以后可以在【属性】面板中设置相关属性。

范例操作

1.　打开个人站点内的"框架集.html"文档。
2.　在【框架】面板中选中顶部框架"topFrame"，在【属性】面板中设置参数，如图 8-18 所示。

图8-18　设置 topFrame 框架

3.　继续在【框架】面板中选中主框架"mainFrame"，在【属性】面板中设置参数，如图 8-19 所示。

图8-19　设置 mainFrame 框架

4.　继续在【框架】面板中选中左边框架"leftFrame"，在【属性】面板中设置参数，如图 8-20 所示。

图8-20　设置 leftFrame 框架

5.　设置完毕后，命名为"框架集_1.html"保存。

【知识链接】

无论是设置框架还是框架集，其前提条件都是先执行【查看】/【可视化助理】/【框架边框】命令，使编辑区的框架边框可见。

框架【属性】面板上的各项含义如下。
- 【框架名称】: 用于设置框架的名称。
- 【源文件】: 用于指定在框架中显示的网页文件。
- 【滚动】: 指定框架中是否显示滚动条。
- 【不能调整大小】: 设置浏览时是否能够改变框架的大小。
- 【边框颜色】: 为框架的边框设置颜色。
- 【边界宽度】、【边界高度】: 用于设定框架的内容与左右、上下边框之间的距离, 以像素为单位。

要点提示 如果在框架【属性】面板中设置了【边框】选项为"否",则【不能调整大小】和【边框颜色】选项就变得没有实际意义了,因为边框不显示。

8.2.4 课堂练习——设置框架集属性

框架集的属性可以控制框架的整体属性,包括框架的边框、边框的宽度和颜色等。
参考框架的设置方法,下面来设置框架集的属性。

操作提示

1. 打开个人站点内的"框架集.html"文档。
2. 执行【查看】/【可视化助理】/【框架边框】命令,使编辑区的框架边框可见。
3. 在【框架】面板中单击框架集的边框,选中框架集,在【属性】面板中设置参数,如图 8-21 所示,设置完毕后保存退出。

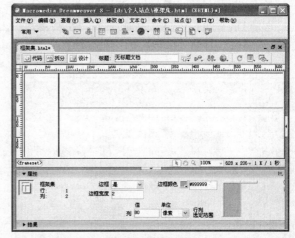

图8-21 框架集属性

【知识链接】

框架集【属性】面板中的部分选项含义如下。

- 【框架集】: 用于显示当前框架集的结构,显示所选框架集是几行几列。
- 【边框宽度】: 用于设置框架集中所有边框的宽度,单位为像素。
- 【边框颜色】: 用于设置框架集边框的颜色,默认为灰色。
- 【值】文本框: 用于设置选定行的高度或选定列的宽度。
- 【单位】: 用于设置行或列尺寸的度量单位,包括"像素"、"百分比"和"相对" 3 种。

要点提示 如果在一个框架集页面中设置了 3 种单位,则优先分配"像素"单位,其次是分配"百分比",最后分配的是"相对"。

- 【行列选定范围】: 选择横向或纵向的框架,右侧缩略图中的灰色部分表示被选中的框架,可以用鼠标单击选中。

8.3　设计框架网页

以上学习了框架的创建、基本操作和属性设置方法，下面来介绍用框架设计网页的方法。

8.3.1　知识点讲解

选中框架后，在【属性】面板的【源文件】文本框中设置框架要显示的网页文件，此处既可以手动输入地址和文件名，也可以通过单击 🗀 图标，打开【选择 HTML 文件】对话框，单击选中需要的 HTML 文件，然后单击 确定 按钮添加。

如果要将导航框架中的内容显示到其他框架中，则需要在【属性】面板中设置【目标】选项。选中超级链接项后，【属性】面板的【目标】选项中除了 4 个常用的选项外，还增加了几个当前框架集中定义的框架名称，可以选择某一框架名称，使链接的目标文件在该框架中打开。

8.3.2　范例解析——用框架设计网页

下面以实例的形式来介绍框架网页的制作过程，最终效果如图 8-22 所示。

范例操作

1. 启动 Dreamweaver 8，创建一个"左侧固定，上方嵌套"样式的框架集，如图 8-23 所示。

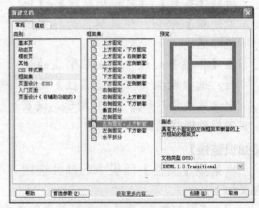

图8-22　用框架设计网页　　　　　　　图8-23　创建框架集

2. 在【框架】面板中单击框架集的外框，选中框架集，执行【文件】/【框架集另存为】命令，将框架集命名为"index.html"保存在花草园地站点的"Frame"文件夹中。

3. 设置框架集的属性，如图 8-24 所示。

4. 选中"leftFrame"框架，单击【属性】面板【源文件】文本框后的 🗀 图标，在打开的对话框中，选中"left.html"文档，然后单击 确定 按钮，如图 8-25 所示。

要点提示　本范例所使用的几个页面都需要提前准备好，并将它们都存放在花草园地站点的"Frame"文件夹中，这样便于链接操作。

5. "leftFrame"框架属性的其他选项设置，如图 8-26 所示。

6. 用同样的方法设置"topFrame"框架属性，如图 8-27 所示。

图8-24 框架集属性   图8-25 选择源文件

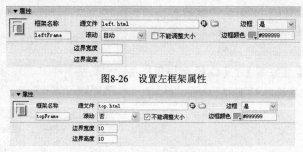

图8-26 设置左框架属性

图8-27 设置顶部框架属性

7. 再设置"mainFrame"框架的属性，如图 8-28 所示。

图8-28 设置主框架属性

8. 设置完毕后，框架页面的基本模型就出来了，如图 8-29 所示。

9. 设置左边的导航栏中的具体项在"mainFrame"框架中显示。在"leftFrame"框架中选中文本 "公司简介"，在【属性】面板中添加【链接】并设置【目标】选项，如图 8-30 所示。

图8-29 框架页面

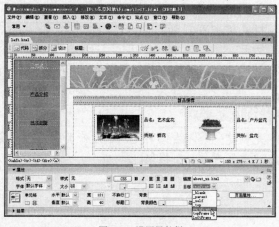

图8-30 设置导航栏

10. 用同样的方法设置导航栏中的其他几个项目。通过【链接】选项设置各自的链接对象，将 【目标】选项都设置为"mainFrame"。

11. 设置完毕后，按 Ctrl + S 组合键保存，按 F12 键预览文档，效果如图 8-22 所示。

8.3.3　课堂练习——设置无框架的内容

有些浏览器不支持框架技术，就不能正确浏览框架式网页。Dreamweaver 8 中允许创建无框架内容，以备用户因浏览器问题不能正常浏览网页时显示提示信息。

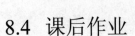 操作提示

1. 打开上一范例的 "index.html" 文档。
2. 执行【修改】/【框架页】/【编辑无框架内容】命令，切换到无框架页面。
3. 在无框架内容编辑窗口输入文本 "很抱歉，您的浏览器不支持框架技术，无法正常显示!"，如图 8-31 所示。
4. 再次执行【修改】/【框架页】/【编辑无框架内容】命令，回到正常的编辑窗口。

图8-31　编辑无框架内容

8.4　课后作业

1. 拆分框架：将一个框架快速拆分成 4 个框架。

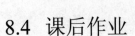 操作提示

(1) 在框架中，将鼠标指针移到边框拐角处，待鼠标光标变成 ✥ 形状，如图 8-32 所示。
(2) 按住鼠标左键不放，拖曳到适当位置，释放鼠标左键即可，如图 8-33 所示。

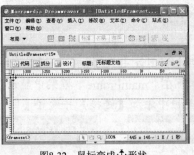

图8-32　鼠标变成 ✥ 形状

图8-33　拖曳鼠标

2. 创建一个框架集，并保存所有的框架页。

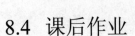 操作提示

(1) 先创建一个 "右侧固定，下方嵌套" 的框架集，然后保存。
(2) 注意保存每一个框架。

第 **9** 讲

层的使用

- 在页面中添加层并填充相应的内容，然后将层定位在特定的位置上用于特殊的用途。

- 在页面中同时选中多个层并以最后一个层为基准将他们排列对齐。

- 通过将表格转化为层然后添加【拖动层】行为可以制作出有趣的拼图游戏。

9.1　认识层

随着网页制作的发展，对网页中元素的定位要求也越来越高，因此，"层"应运而生。层可以放置在网页的任意地方，使用者可以随心所欲地安排层的位置。层也是一个容器，它可以承载任何网页元素，如文字、图像、表单、动画等，同时还可以承载另外的层。

9.1.1　知识点讲解

层是一个被准确定位的 HTML 网页元素，它和文字、图像等一样都是网页的组成部分；层也是一个网页内容的容器，可以在层中放入任何页面元素；同时层也可以层叠和叠加。

利用层可以控制网页元素的位置，可以实现网页对象的重叠和立体化等动态效果，使网页内容变得更加丰富。

9.1.2　范例解析（一）——插入层

层的创建比较简单，且有多种方法，下面来介绍通过菜单插入层的操作。

范例操作

1. 新建一个 HTML 页面文档，将鼠标光标置于要插入层的位置。
2. 执行【插入】/【布局对象】/【层】命令，即可在页面中插入一个默认的层，如图 9-1 所示。

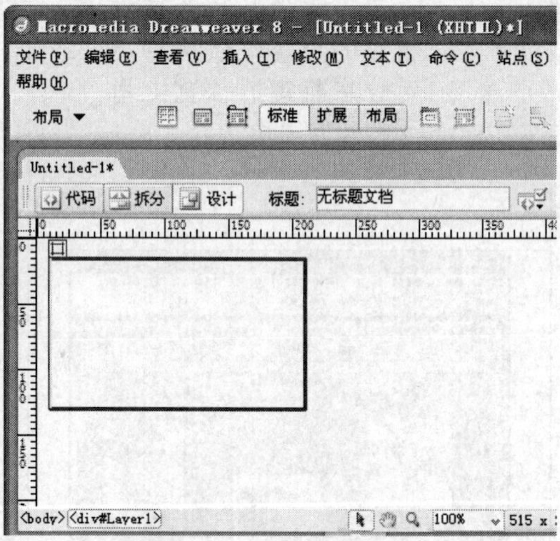

【知识链接】

一、默认层

通过菜单命令插入的层，采用的是程序默认的设置，宽是 200 像素，高 115 像素。用户也可以通过设置来改变层的默认参数，方法为：执行【编辑】/【首选参数】命令，打开【首选参数】对话框，在【分类】列表框中选择【层】选项，然后在右侧设置具体的参数项，如宽、高、背景颜色等，设置完毕，单击 确定 按钮即可。

图9-1　插入一个默认的层

二、层标签

层的标签是"<div>"，在代码中层的表示为"<div id="Layer1">…</div>"，其中"Layer1"为层名。

9.1.3　范例解析（二）——绘制层

通过菜单命令插入的层采用的是默认的大小，用户可以自己绘制一个自定义大小的层。

范例操作

1. 首先将【常用】插入栏切换到【布局】插入栏，如图9-2所示。
2. 单击 ▤（绘制层）按钮，如图9-3所示。

图9-2　切换到【布局】插入栏

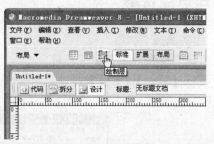

图9-3　单击绘制层按钮

3. 将鼠标指针移动到编辑窗口，待鼠标指针变成十形状时，按住鼠标左键拖曳出一个 160 像素×70 像素的层，如图 9-4 所示。
4. 释放鼠标左键即可完成创建。用这个方法插入的层可以控制大小。

【知识链接】

用此方法绘制层的过程中，可以从状态栏实时地看出层的宽和高的变化，从而绘制出大小符合要求的层。

在【布局】插入栏中，用户可以将 ▤ 按钮直接拖曳到编辑窗口中，这样也可快速插入一个默认的层。

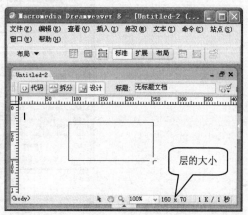

图9-4　绘制层

9.1.4　课堂练习——嵌套层

嵌套是将一个层包含在另一个层中。嵌套层通常用于层的叠加和组织，并且子层可随父层一起移动，可继承父层的一些属性。

操作提示

1. 首先在编辑窗口插入一个层，该层为父层。
2. 在父层内单击鼠标左键，将鼠标光标置于父层内，再执行【插入】/【布局对象】/【层】命令，插入一个子层，这就是嵌套层，如图 9-5 所示。
3. 拖动父层，可以看到子层也一起随着移动，但拖动子层，父层不动。

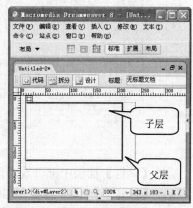

图9-5　创建嵌套层

要点提示　子层可以通过执行【插入】/【布局对象】/【层】命令来创建，或者直接拖曳绘制层图标到父层上创建，但不能使用绘制层操作。

9.2　基本属性设置

同框架一样，通过【属性】面板可以设置层的属性，在设置之前要先选中层。

9.2.1　知识点讲解

一、　层的选择

常用的层的选择方法有如下几种。

(1)　执行【窗口】/【层】命令，打开【层】面板，在面板中单击层名称即可将层选中，如图 9-6 所示。

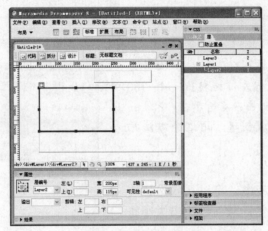

图9-6　在面板中选中层

> **要点提示**　通过【层】面板可以管理层。在面板中层按一定的顺序排列，可以通过 z 轴列表查看；先创建的层在列表的底部，后创建的层排列在列表的顶部；嵌套层显示为连接到父层的名称上，如图 9-6 所示，Layer1 是 Layer2 的父层。

(2)　直接在编辑窗口中单击层的边框。

(3)　将鼠标光标置于层内，然后单击标签选择器上的"<div>"标签。

(4)　单击层上的 🔲 图标，也可选中层。

二、　层的属性

选中层之后，就可以在【属性】面板中查看和设置层的属性，如图 9-7 所示。

图9-7　查看和设置层的属性

层的【属性】面板中部分选项的功能如下。

- 【层编号】：用于设置层名，此名称唯一。
- 【左】、【上】：用于设置层相对于编辑窗口或父层左上角的位置。
- 【Z 轴】：用于设置层的层次顺序号。
- 【可见性】：用于设置层的可见性，包括"default"（默认）、"inherit"（继承父层的该属性）、"visible"（可见）、"hidden"（隐藏）4 个选项。

- 【类】：用于添加对 CSS 样式的引用。
- 【溢出】：用于设置层的内容过大时如何处理（仅用于 CSS 层）。
  "visible"：增加尺寸以显示出所有内容。
  "hidden"：只能显示层以内的内容。
  "scroll"：无论内容是否超出都增加滚动条。
  "auto"：只有内容超出时才增加滚动条。
- 【剪辑】：用来指定层的哪一部分内容是可见的，"左"、"右"、"上"、"下"输入的数值是距离层的 4 个边界的像素值。

9.2.2　范例解析（一）——欢迎页面

在花草园地的主页的边框上添加一个欢迎层，预览效果如图 9-8 所示。

图9-8　预览层的效果

范例操作

1. 打开"花草园地"站点内的"index_6.html"，在编辑区的左边插入一个层，如图 9-9 所示。
2. 选中层，在层的【属性】面板上，单击【背景图像】文本框后的文件夹图标🗂️，打开【选择图像源文件】对话框，选择背景图片"beijing.jpg"，如图 9-10 所示，然后单击 确定 按钮。

图9-9　插入一个层

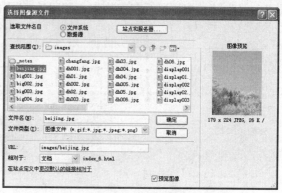

图9-10　选择背景图片

3. 选中层，在【属性】面板中设置层的属性，如图 9-11 所示。

图9-11　设置层的其他属性

4. 单击层内部，然后输入文本"欢迎来到花草园地!"，并在每两个字后按 Enter 键（段落样式见图 9-8），然后选中所有文本，设置文本的属性如图 9-12 所示。

图9-12　设置文本的属性

5. 设置完毕后，按 Ctrl+S 组合键保存，按 F12 键预览文档，效果如图 9-8 所示。

【知识链接】

(1) 为层设置背景图片时，如果层比图片大，则背景图片就重复显示，直至填满整个层；若层比图片小，那么只显示其中的一部分。

(2) 层类似一个容器，可以包含任何页面元素，如本例在层中添加了文本。层中包含的对象与页面对象一样，可以通过【属性】面板进行属性设置。在层中添加内容前要先单击层的内部，以定位鼠标光标。

(3) 移动层：移动鼠标指针到层的边框上，待鼠标指针变成 ✛ 状时，按住鼠标左键不放，拖动层，到达目的地后释放鼠标左键即可，如图 9-13 所示。

图9-13　用鼠标移动层

(4) 调整大小：选中层后，层的四周将出 8 个控点，移动鼠标指针到控点上，待鼠标指针变成双向箭头时，按住鼠标左键拖曳，即可改变层的大小，如图 9-14 所示。

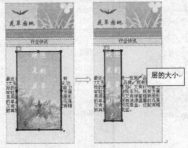

图9-14　用鼠标改变层的大小

 用鼠标移动层的位置、调整大小，都是不精确的，如果要达到精准的要求，可以在层的【属性】面板中直接设置具体的数值。

9.2.3　范例解析（二）——制作随网页滚动的广告条

在网上冲浪时，会发现许多网页上都有随页面滚动的广告条，这是怎么实现的呢？这其实是层和一个外部插件结合实现的。下面来介绍实现这个功能的具体方法。

1. 首先确认计算机中安装了 Dreamweaver 插件 "Persistent layers"。

 "Persistent layers" 是 Dreamweaver 程序的一个行为插件，需要单独安装。

2. 打开"花草园地"站点内的"index_2.html"文档，在页面右侧插入一个层，如图 9-15 所示。

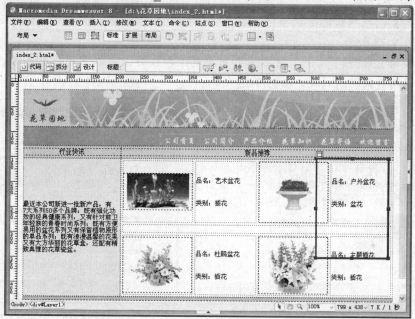

图9-15　插入一个层

3. 将鼠标光标移到层内，执行【插入】/【图像】命令，打开【选择图像源文件】对话框，选择"花草园地"站点内的"images\guanggao.jpg"文件，然后单击 确定 按钮，向层内插入一张广告图片。

4. 执行【窗口】/【行为】命令，打开【行为】面板。在标签选择器中单击 "<body>" 标签选中整个页面，然后单击【行为】面板的添加行为按钮 ＋，在下拉菜单中选择【RibbersZeewolde】/【Persistent Layers】选项，如图 9-16 所示，打开【Persistent Layers】对话框。

 有关行为的知识将在后面的章节中介绍，此处可参照操作。层的许多动态效果都需要与行为或时间轴结合才能体现出来。

5. 在【Select Layers】下拉列表中选择"层"Layer1""广告层，在【The Layer should】选项组中选择第 2 项，并设置层距离浏览器右侧的距离为"5 px"，距离顶部为"30 px"，然后单击 确定 按钮，如图 9-17 所示。

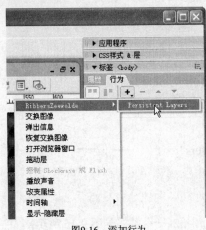

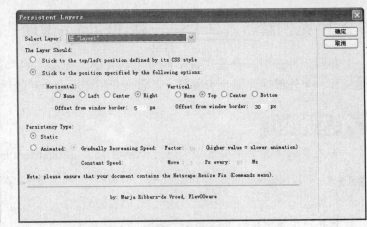

图9-16　添加行为　　　　　　　　　　　　图9-17　设置行为

6. 单击【行为】面板中刚添加的事件，在事件下拉列表中选择"onload"，在页面中加载这个行为，如图 9-18 所示。

7. 保存后，按 F12 键预览文档，可以看到当拖动滚动条时，可以看到广告层始终在原来的位置，产生随网页滚动的效果，如图 9-19 所示。

图9-18　设置事件　　　　　　　　　　　图9-19　预览滚动的广告条

【知识链接】

在添加【Persistent Layers】行为时，要先在标签选择器中选中"<body>"标签，以整个页面为操作背景，这样才能在页面上加载这个行为事件。

本例中层的定位功能得到了充分的体现，在浏览器中，无论屏幕怎么滚动，层可以始终保持相对固定的位置。

9.2.4　课堂练习——多个层的操作

上面的操作都是针对单个层的，若页面有多个层时如何操作？下面来练习多个层的操作。

操作目标：将页面中的多个层左对齐、底部对齐。

操作提示

1. 打开个人站点内的"多层操作.html"文档，如图 9-20 所示。

2. 按住 Shift 键，然后依次单击 3 个层，将它们同时选中。

3. 执行【修改】/【排列顺序】/【左对齐】命令，再执行【修改】/【排列顺序】/【对齐下缘】命令，最终效果如图 9-21 所示。

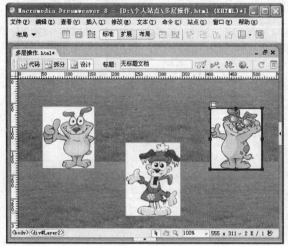 

图9-20　原始文档　　　　　　　　　　　　图9-21　对齐后的多个层重叠在一起

要点提示 最后选中的层，将作为基准层，所有的对齐都是以它的边缘对齐的，如此例中 3 个层最后都重叠在第 3 个层后面。

9.3　层的高级应用

利用层的【属性】面板可以查看和设置层的基本属性，用户也可以利用【层】面板进行一些特殊的设置，如重命名、隐藏/显示层等。

9.3.1　知识点讲解

利用【层】面板可以对层进行多种操作，下面分别介绍。

(1) 重命名

在【层】面板中，双击需要重命名的层，层名进入可编辑状态，然后输入新的名称，按 Enter 键即可完成，如图 9-22 所示。

(2) 隐藏/显示层

层的隐藏与显示可以通过【层】面板上的 👁 列来设定。在 👁 图标所在的列中，单击一次鼠标左键，对应层就改变一种状态。当层名前为 👁 图标时，表示该层处于隐藏状态；当层名前为 👁 图标时，表示该层处于显示状态；如果层名前没有任何图标，表示该层处于浏览器默认状态或者继承其父层的可见性。

在未设置层的显示状态前，层名前面不显示任何图标，即采用默认的显示状态。首次单击将显示 👁 图标，表示隐藏；再单击一次，显示 👁 图标，表示显示；再单击一次，图标消失，回到默认状态，如图 9-23 所示。

要点提示 如果父层状态为隐藏，那么子层在默认状态下也将继承隐藏状态；当前选择的层无论是否设置隐藏，在编辑窗口中始终可见，且显示在其他层的前面。

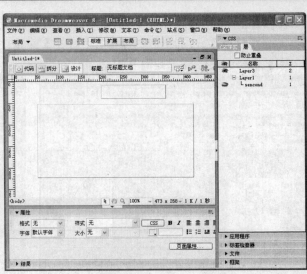

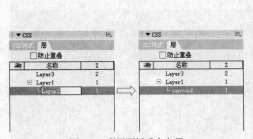

图9-22　利用面板重命名层　　　　　　　　图9-23　设置层的显示/隐藏状态

(3)　改变层的堆叠次序

在【层】面板中可以直接拖曳某个层到新的位置，从而改变层的堆叠次序，如图 9-24 所示。

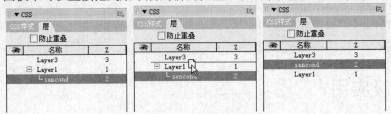

图9-24　通过拖动改变层的堆叠次序

(4)　防止重叠

当编辑窗口中放置多个层时，为了避免发生重叠、导致错误，可以勾选【层】面板上的【防止重叠】复选框。

9.3.2　范例解析——制作拼图游戏

下面介绍如何利用层与表格的关系来制作拼图游戏。

范例操作

1.　新建一个 HTML 文档，命名为"拼图.html"保存到个人站点中，再插入一个 2 行 2 列的表格，设置【宽】为"270"像素，【高】为"350"像素，居中对齐。

2.　在第 1 个单元格中插入图片"001.jpg"，横向第 2 个单元格中插入图片"002.jpg"，第 3 个单元格插入图片"003.jpg"，第 4 个单元格插入图片"004.jpg"，正好构成一个整体图，如图 9-25 所示。

> 要点提示　这 4 张图片存放于个人站点的"images"文件夹，原本是一张图片，可以借助 Photoshop 的切片工具，将它们切成 4 张大小一样的小图。

3.　选中整个表格，执行【修改】/【转换】/【表格到层】命令，打开【转换表格为层】对话框，只勾选【显示层面板】复选框，其余不选，单击 确定 按钮，如图 9-26 所示。

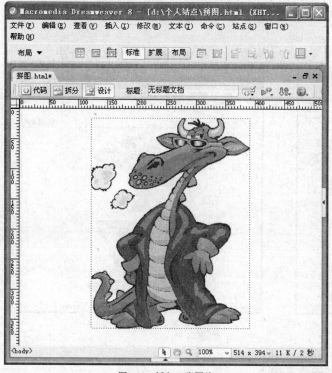

图9-25　插入4张图片

图9-26　设置【转换表格为层】对话框

4. 这样就将表格转成了 4 个层，如图
   9-27 所示。

5. 先单击一下 "<body>" 标签，然后
   执行【窗口】/【行为】命令，展开
   【行为】面板，单击【行为】面板
   中的 **+** （添加行为）按钮，在下
   拉菜单中选择【拖动层】命令，打
   开【拖动层】对话框。

6. 在【基本】选项卡中，将层
   "layer1" 的【移动】选项设置为
   "不限制"，【高级】选项卡中采用
   默认设置，然后单击 [确定] 按
   钮，如图 9-28 所示。

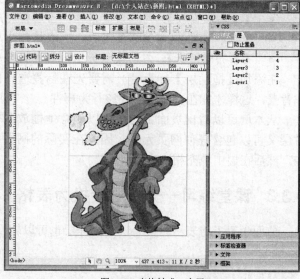

图9-27　表格转成4个层

图9-28　添加【拖动层】行为

7. 采用同样的方法，为其他 3 个层也添加【拖动层】行为，设置事件全部是 "onload"，如图 9-29 所示。

8. 按 Ctrl+S 组合键保存，按 F12 键预览文档，先打乱再拼起来，效果如图 9-30 所示。

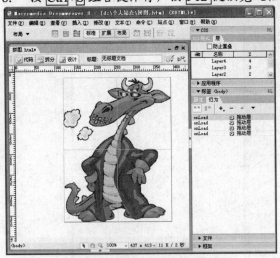

图9-29　全部添加【拖动层】行为

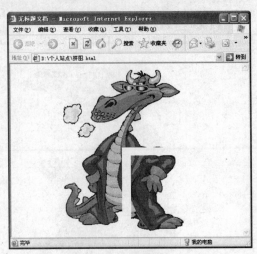

图9-30　进行拼图

【知识链接】

【转换表格为层】对话框中各复选框的意义如下。

- 【防止层重叠】：勾选该复选框，可以防止页面中的多个层发生重叠。
- 【显示层面板】：勾选该复选框，当表格转成层后显示【层】面板。
- 【显示网格】：勾选该复选框，当表格转成层后，页面显示栅格线。
- 【靠齐到网格】：勾选该复选框，当表格转成层后自动贴齐栅格线。

在添加【拖动层】行为时，需要先在标签选择器中选中 "<body>" 标签，以整个页面为操作背景，这样才能在页面上加载该行为事件。

从本例可以看出页面上的层可以随意地拖放到任意位置，在排版上比表格要灵活得多，同时层又可以包含任何网页元素，因此在实际的网页设计中，也可以用层代替表格来设计页面结构，然后在层中填充相应内容。

9.3.3　课堂练习——将层转换为表格

前面学习了将表格转换为层，同样层也可以转换为表格。

🔒 操作提示

1. 在文档中先选中层，然后执行【修改】/【转换】/【层到表格】命令。
2. 打开【转换层为表格】对话框，如图 9-31 所示，设置完具体参数后，单击 确定 按钮即可。

9.4　课后作业

1. 创建一个嵌套层，为父层与子层设置不同的背景色，并通过【层】面板更改层名，如图 9-32 所示。

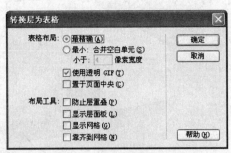

图9-31　【转换层为表格】对话框

图9-32　设置嵌套层的不同背景色

操作提示

(1) 先插入一个层，作为父层，设置【背景颜色】为"#CCCCFF"。
(2) 在父层内单击鼠标左键，再插入一个子层，设置【背景颜色】为"#CC66CC"。
(3) 展开【层】面板，双击层名然后进行更改。
2. 制作一个随页面滚动的信息框，效果如图9-33所示。

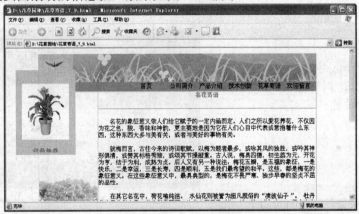

图9-33　随页面滚动的信息框

操作提示

(1) 打开"花草园地"站点内的"花草寄语_7.html"文档，在文档左侧插入一个层，设置【背景颜色】为"#33FFFF"。
(2) 在层中插入图片"display02.jpg"，单击图片右侧，按 Enter 键换行，输入文本"新品推荐"，设置【字体】为"隶书"，【大小】为"18"像素，【颜色】为"#CC3333"。
(3) 单击"<body>"标签后，参照例9.2.3，为层添加【Persistent Layers】行为。
(4) 命名为"花草寄语_7_9.html"后另存，按 F12 键查看效果。

第 10 讲

应用多媒体技术

【学习目标】

- 在页面中加入一些 Flash 动画，可以让浏览者赏心悦目、浑身放松。

- 在页面中插入动态的 Flash 文本，使得页面的浏览效果大为改善。

- 在 Dreamweaver 中，无须利用 Flash，同样可以制作出具有动态效果的 Flash 按钮。

10.1 插入 Flash 动画

随着用户感官要求的提高，纯静态的 HTML 网页显然已经不能满足要求，必须增加一些吸引人的元素。多媒体技术的发展使网页设计者能够在自己的页面中加入动画、视频、音乐等内容，使制作的网页多姿多彩、动感十足，给访问者增添了几分意外和惊喜。

10.1.1 知识点讲解

在网页中插入 Flash 对象，主要是指插入 Flash 动画、Flash 文本和 Flash 按钮等操作。这些文本和按钮都是以 Flash 文件格式保存的。Flash 文件常用的格式有 ".fla"、".swf"、".swt"、".swc"、".flv"。

在 Dreamweaver 8 中插入的 Flash 动画主要是 SWF 格式，因为它可以直接在页面播放。

10.1.2 范例解析（一）——插入 Flash 动画

下面通过范例来学习插入 Flash 动画的具体操作步骤。

范例操作

1. 启动 Dreamweaver 8，新建一个页面，将页面【背景颜色】设置为 "#000000"，并命名为 "娱乐.html" 保存到个人站点内。
2. 插入一个 1 行 2 列的表格，在【属性】面板中，设置【宽】为 "570" 像素，【边框】为 "1" 像素，居中对齐，然后输入如图 10-1 所示的文本。
3. 再插入一个 1 行 1 列的表格，在【属性】面板中，设置【宽】为 "550" 像素，【边框】为 "1" 像素，居中对齐，如图 10-2 所示。

图10-1 插入头部表格

图10-2 插入一个播放表格

4. 将鼠标光标置于第 2 个表格内，执行【插入】/【媒体】/【Flash】命令，打开【选择文件】对话框。

> **要点提示** 插入 Flash 还可以使用另外两种方法：单击插入工具栏中的 ●-按钮或者直接将 ●-按钮拖曳到页面指定的位置，然后在打开的【选择文件】对话框中选择相应的 Flash 文件。

5. 在个人站点内的"media"文件夹中选择"prettyboy.swf"文件，然后单击 确定 按钮，如图 10-3 所示。

6. 在弹出的【对象标签辅助功能属性】对话框中填入相应内容，然后单击 确定 按钮，如图 10-4 所示。此处可以不作任何设置，直接单击 确定 按钮或者 取消 按钮。

7. 这样就在页面中插入一个 Flash 文件，它在页面中呈现为以 图标为中心的 Flash 占位符，如图 10-5 所示。

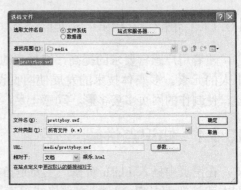

图10-3　选择 Flash 文件

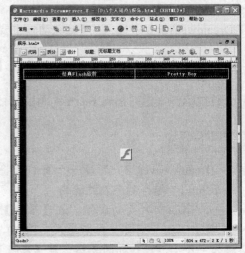

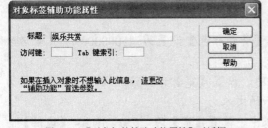

图10-4　【对象标签辅助功能属性】对话框

图10-5　在页面插入了 Flash 文件

8. 单击 Flash 占位符，可在【属性】面板中查看和设置相关属性，如图 10-6 所示。

图10-6　Flash 的【属性】面板

9. 按 Ctrl+S 组合键保存，按 F12 键预览文档，效果如图 10-7 所示。

【知识链接】

Flash【属性】面板部分设置项的含义如下。

- 【Flash】：用于设置标识 Flash 以进行脚本撰写的名称。
- 【文件】：用于设置指向 Flash 对象文件的路径。单击 图标可以浏览到某一文件，或者键入路径。
- 【垂直边距】、【水平边距】：用于设置 Flash 动画边框与页面上边界和左边界的距离，以"像素"为单位。

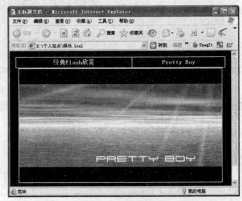

图10-7　预览效果

- **【品质】**：用于定义该 Flash 动画的 object 和 embed 标签，设置 quality 参数。设置越高，Flash 内容的显示效果就越好。
- **【比例】**：为定义该 Flash 动画的 object 和 embed 标签设置 scale 参数。此参数定义 Flash 内容在由 width 和 height 值为该 SWF 文件定义的区域内显示的方式。
- ▶ 播放 按钮：单击该按钮可以在窗口中预览 Flash 对象。
- 重设大小 按钮：单击该按钮，将选定的对象重设为原始大小。
- 参数... 按钮：单击该按钮，打开一个对话框，可以在其中输入附加参数。
- 编辑... 按钮：单击该按钮，打开 Flash 对象对话框，可以对选定的 Flash 对象进行编辑。

10.1.3 范例解析（二）——插入 Flash 文本

上面学习了插入 Flash 动画的方法，下面来学习插入 Flash 文本的方法。

范例操作

1. 打开素材文件 Flash 文件夹内的 "index.html" 文档。
2. 将鼠标光标置于左侧公告头部单元格内，然后执行【插入】/【媒体】/【Flash 文本】命令，打开【插入 Flash 文本】对话框，设置参数如图 10-8 所示，单击 确定 按钮即可。
3. 插入 Flash 文本的效果如图 10-9 所示。

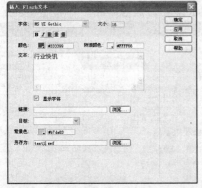

图10-8　设置【插入 Flash 文本】对话框

图10-9　插入 Flash 文本

4. 同样的方法，在右侧单元格添加 Flash 文本，参数设置如图 10-10 所示。
5. 按 Ctrl+S 组合键保存，按 F12 键预览文档，效果如图 10-11 所示。

图10-10　设置【插入 Flash 文本】对话框

图10-11　预览效果

【知识链接】

　　【插入 Flash 文本】对话框中部分选项含义如下。

- 【颜色】：用于设置 Flash 文本的初始颜色。
- 【转滚颜色】：用于设置鼠标移动到文本上面时的变换颜色。
- 【链接】：用于为 Flash 文本添加超级链接对象。
- 【目标】：用于设置链接的对象在页面中打开的位置。
- 【背景色】：用于设置 Flash 文本的背景颜色。
- 【另存为】：用于设置保存此 SWF 文件的地址和文件名。

要点提示 此处应该注意的是，保存 SWF 文件时不支持中文目录，而且主页文档也不可以使用中文目录，否则将报错，导致无法添加 Flash 文本效果。在页面插入 Flash 按钮也是同样的要求。

10.1.4　课堂练习——插入 Flash 按钮

　　如果已经掌握了本节前面介绍的知识，可以在老师的指导下，自己动手制作 Flash 按钮，如图 10-12 所示。

操作提示

1. 打开素材文件 Flash 文件夹内的 "jiyu.html" 文档。
2. 将鼠标光标置于页面的右下角，然后执行【插入】/【媒体】/【Flash 按钮】命令，打开【插入 Flash 按钮】对话框，设置参数如图 10-13 所示设置，然后单击 确定 按钮。

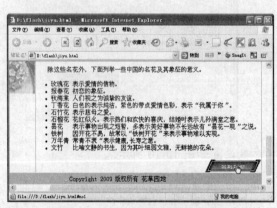

图10-12　用 Flash 按钮制作的锚点链接

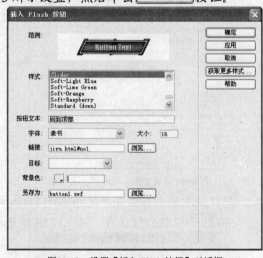

图10-13　设置【插入 Flash 按钮】对话框

3. 保存后，按 F12 键预览效果。

要点提示 在此处添加锚点链接对象的格式是 "文档名#锚点名"，如 "jiyu.html#no1"，直接添加锚点名称不能实现跳转。

10.2　插入视频文件

　　随着网络带宽和网速的增加，在网页中插入一段自己录制的视频越来越流行。而且现在的网络视频教学也非常受欢迎。

10.2.1 知识点讲解

在网页中插入的视频文件格式有多种，如常见的 AVI、WMV、MPEG、RM、RMVB、ASF 等。视频的格式不同，对应的播放器也有区别，如 AVI、WMV、ASF 格式文件一般用 Windows 自带的 MediaPlayer 进行播放，RM 格式的文件一般用 RealPlayer 播放。

虽然它们使用的播放器不同，但一般都是利用 ActiveX 控件或插件来播放的。ActiveX 控件是 Microsoft 公司对浏览器能力的一个扩展。当浏览器载入一个页面后，发现这个页面含有浏览器不支持的 ActiveX 控件时，浏览器就提示安装所需软件。插件功能是针对 Netscape 浏览器而言的，通过这个插件可以使浏览器播放多种动画和视频文件。

10.2.2 范例解析——插入 WMV 视频文件

用插件播放 WMV 格式文件的操作步骤如下。

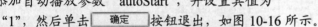

1. 打开个人站点内的"风采.html"。

2. 将鼠标光标置于单元格内，执行【插入】/【媒体】/【插件】命令，在打开的【选择文件】对话框中，选择"V003.wmv"文件，然后单击 确定 按钮，如图 10-14 所示。

3. 此时在单元格中插入一个  占位符，单击占位符，然后在【属性】面板中将【宽】和【高】都设置为"400"像素，如图 10-15 所示。

4. 单击 参数... 按钮，打开【参数】对话框，添加自动播放参数"autoStart"，并设置其值为"1"，然后单击 确定 按钮退出，如图 10-16 所示。

图10-14 选择文件

图10-15 插件占位符

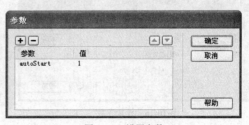

图10-16 设置参数

5. 保存后，按 F12 键观看放映。

10.2.3　课堂练习——插入 RM 视频文件

上面使用插件播放，下面来练习使用 ActiveX 控件来播放视频文件。

操作提示

1. 打开个人站点内的 "风采_1.html" 文件，将鼠标光标置于单元格内，执行【插入】/【媒体】/【ActiveX】命令。

2. 此时在页面中插入一个 占位符，在【属性】面板中的【ClassID】下拉列表框中输入 "CFCDAA03-8BE4-11CF-B84B-0020AFBBCCFA"（也可以直接在下拉列表中选择），然后设置【宽】和【高】都为 "400" 像素，如图 10-17 所示。

3. 在【属性】面板中，单击 参数... 按钮，打开【参数】对话框，添加自动播放参数 "autoStart"，并设置其值为 "1"，再添加 "SRC" 表示路径的参数，并将其值设置为视频文件的路径，然后单击 确定 按钮退出，如图 10-18 所示。

4. 保存文档，按 F12 键预览，效果如图 10-19 所示。

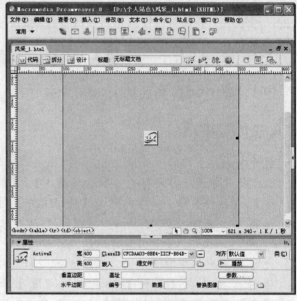

图10-17　设置属性

图10-18　设置参数

图10-19　预览效果

【知识链接】

【ClassID】：用于设置 ActiveX 控件播放视频文件时所用的播放器。ClassID 属性"CFCDAA03-8BE4-11CF-B84B-0020AFBBCCFA"指定播放器为嵌入的 RealPlayer 播放器。ClassID 属性"CLSID:6BF52A52-394A-11D3-B153-00C04F79FAA6"指定 MediaPlayer 播放器。

【参数】对话框可设置的主要参数如下。

- SRC：用于设置文件路径名称。
- loop：用于设置是否循环，其值为"True"或"False"。
- numloop：用于设置循环次数。
- autoStart：用于设置是否自动播放。值为"1"时自动播放，值为"0"时不自动播放。
- controls：用于设置显示方式。值为"All"时自动识别，值为"ImageWindow"时只显示图像，值为"StatusBar"时只显示状态条。
- URL：用于设置文件路径名称
- PlayCount：用于设置播放次数。
- fullScreen：用于设置是否全屏显示，值为"0"时不全屏播放，值为"1"时全屏播放。

10.3 添加背景音乐

如果浏览网页时同时伴有优美的背景音乐，将会使访问者感到无比的惬意、心旷神怡。

10.3.1 知识点讲解

在网页中可插入的声音文件格式有很多种，常用的有 MP3、WAV、MIDI、WMA 等，这些格式的文件大多数都可以直接播放，有一些特殊格式的音乐则需要安装特定的播放器才可以播放。

10.3.2 范例解析——添加背景音乐

下面介绍添加背景音乐的具体操作方法。

范例操作

1. 打开个人站点内的"index.html"文档，在【常用】插入栏上单击 ⚙·按钮右侧的倒三角，在下拉列表中选择【插件】选项，打开【选择文件】对话框，此时 ⚙·按钮变为 ⚙·按钮。
2. 选择"AVSEQ17.mp3"文件，单击 确定 按钮，在网页中插入了一个音乐占位符 ❖。
3. 在【属性】面板中设置【宽】和【高】都为"0"像素，如图 10-20 所示。
4. 单击 参数... 按钮，打开【参数】对话框，添加自动播放参数"autoStart"，并设置值为"1"，再添加循环播放参数"loop"，设置值为"1"，然后单击 确定 按钮退出，如图10-21 所示。
5. 按 Ctrl+S 组合键保存，按 F12 键预览音乐效果。

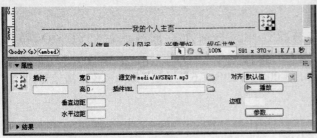 

图10-20　隐藏音乐图标　　　　图10-21　设置参数

【知识链接】

在【属性】面板中将【宽】和【高】都设为"0"像素，是为了在浏览网页时不显示音乐图标。

【参数】对话框中需要设置的常用参数有以下两个。

- autoStart: 用于设置自动播放，值为"1"时自动播放，值为"0"时不自动播放。
- loop: 用于设置循环播放，值为"1"时循环播放，值为"0"时不循环播放。

10.4　课后作业

1. 利用插入 Flash 文本的方法，在空白页面中插入古诗《春晓》，鼠标经过的前后效果如图 10-22 所示。

操作提示

(1) 新建一个页面，执行【插入】/【媒体】/【Flash 文本】命令，打开【插入 Flash 文本】对话框。

(2) 设置参数如图 10-23 所示，单击 确定 按钮即可完成。

 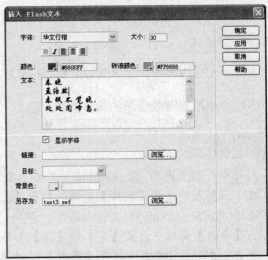

图10-22　预览效果　　　　图10-23　设置【插入 Flash 文本】对话框

2. 利用 Dreamweaver 8 的插入 Flash 按钮功能，将主页面导航条上的各个链接项用 Flash 按钮表示出来，效果如图 10-24 所示。

操作提示

(1) 打开素材文件 Flash 文件夹内的 "index_f.html" 文档，在导航栏的 "公司首页" 文本处插入 Flash 按钮，各选项及参数设置如图 10-25 所示。

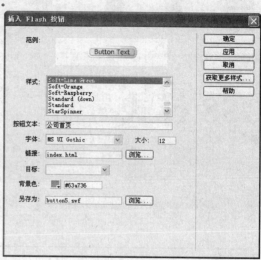

图10-24 Flash 按钮效果

图10-25 添加 Flash 按钮

(2) 用同样的参数标准在导航栏的其他几个文本链接处插入相应的 Flash 按钮，将文件命名为 "index_f_ok.html" 另存。

第 **11** 讲

CSS 样式

【学习目标】

- 通过创建高级 CSS 样式，可以改变超级链接文本的默认颜色并去掉下划线。

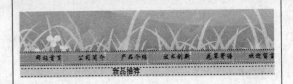

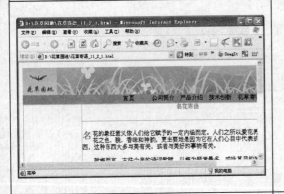

- 通过创建一个自定义的类规则，可以实现段落的首字下沉效果。

- 利用 CSS 滤镜的 FlipV 功能，可以给页面中的图片添加翻转效果。

11.1　认识样式表

CSS 样式表是一系列格式规则的集合，它可以控制网页内容的外观，使得网页内的文本、图像、表格等对象具有统一的风格，省去了为每个对象单独设置格式的繁琐。使用 CSS 样式，不仅可以控制一个网页中内容的格式，还可以同时控制多个网页中内容的格式。当 CSS 样式发生变动时，页面中所有应用该样式的对象的格式都会自动发生改变。

11.1.1　知识点讲解

CSS（Cascading Style Sheets，层叠样式表），简称样式表。CSS 技术由 W3C（World Wide Web Consortium，全球广域网协会）推荐使用，1996 年批准了 CSS1 标准，随后又颁布了 CSS2 标准，样式表更加充实，目前绝大多数都使用 CSS2 标准。

通过 CSS 技术可以有效地对网页布局、字体、颜色、背景和其他对象的显示效果进行精准的控制。同时，使用 CSS 可以避免页面中同类对象格式的重复设置，提高了工作效率，减少了页面的负担。

11.1.2　范例解析——创建 CSS 样式

CSS 样式的创建方法有多种，其中适合新手的操作方法就是利用可视化的【CSS 样式】面板直接创建。

范例操作

1. 打开文档，执行【窗口】/【CSS 样式】命令，展开【CSS 样式】面板，如图 11-1 所示。
2. 在【CSS 样式】面板中单击新建 CSS 规则按钮，如图 11-2 所示，打开【新建 CSS 规则】对话框。
3. 在【选择器类型】中点选【类（可应用于任何标签）】单选按钮，在【名称】下拉列表框中输入"text"，在【定义在】选项组中点选【仅对该文档】单选按钮，如图 11-3 所示。

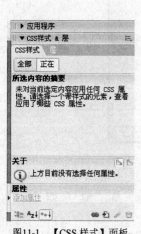

图11-1　【CSS 样式】面板

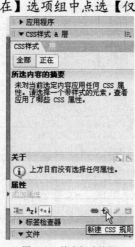

图11-2　单击新建按钮

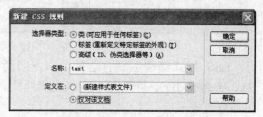

图11-3　【新建 CSS 规则】对话框

4. 单击 确定 按钮，打开规则定义对话框，在【分类】列表框中选择【类型】选项，设置参数如图 11-4 所示。

5. 单击 ◯确定◯ 按钮，返回 Dreamweaver 编辑页面，选中一段文字，在【属性】面板的【样式】下拉列表中选择 "text"，则选中的文本格式变成上面设置的样式，如图 11-5 所示。

图11-4　定义 CSS 规则

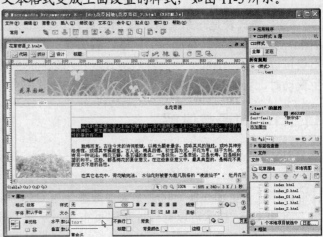

图11-5　应用样式

这就是 CSS 样式最基本的使用方法。

【知识链接】

一、 CSS 样式结构

单击 代码 按钮，切换到代码视图，在头部代码 "<head>…</head>" 之间可以看到内嵌的 CSS 样式表内容，有 "<style…>…</style>" 标志，如图 11-6 所示。

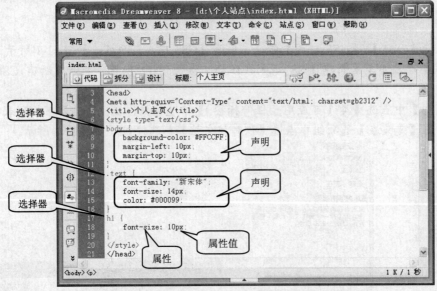

图11-6　内嵌的 CSS 样式表

CSS 样式结构主要有选择器和声明两部分组成。选择器是标识格式元素的术语（如 P、H1、类名或 ID），声明用于定义元素样式。声明由 "属性"（如 font-size）和 "值"（如 10px）两部分组成。

图 11-6 中，"body"、".text"、"h1" 都是选择器，介于括号 {} 之间的所有内容都是声明，其中 "body" 和 "h1" 是【标签】样式，".text" 是自定义的【类】样式。

二、 样式表类型

根据使用的对象不同，样式表可分为 3 个类别，如图 11-7 所示。

- 【类（可应用于任何标签）】：可以创建自定义名称的 CSS 样式，可将样式规则属性应用于任何页面元素上。所有【类】样式均以 "." 开头，比如，定义一个设置字体大小为 12 像素，颜色为红色的类 "text"，代码为：

      .text{

      font-size：12px；

      color：red；

      }

- 【标签（重新定义特定标签的外观）】：可对 HTML 标签进行重新定义、规范或者扩展其属性，如 "body"、"h1"、"h2"、"h3"、"ul"、"li" 等标签。当创建或更改 CSS 样式时，所有使用该进行格式化的对象都自动更新。例如，要把页面上的 "h1" 到 "h3" 的颜色全部设定为红色，行高设定为 "200%"，代码为：

      h1, h2, h3 {

      color：red；

      line-height：200%；

      }

  这样在 HTML 中当使用这些标签的时候，标签里面的内容就将按照定义好的样式出现。

- 【高级（ID、伪类选择器等）】：该项会对标签组合或者是含有特定 ID 属性的标签应用样式。当 HTML 中出现用 ID 的元素时，可以使用这个 ID 来设置样式，使用方法与使用类相似。伪类常用的有 "a: link"、"a: visited"、"a: hover"、"a: active"，分别用来定义链接未被单击时、被单击后、鼠标移过以及激活状态下的样式。

三、 CSS 规则定义

对新手来说，在代码窗口中编写 CSS 样式是很困难的事，在 Dreamweaver 8 中可以通过可视化的【*** 的 CSS 规则定义】对话框来创建具体的 CSS 样式，此处提供了 8 个类别的样式设置，如图 11-8 所示。

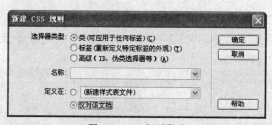

图11-7　CSS 规则类型

图11-8　【新建 CSS 规则】对话框

- 【类型】：主要用于定义页面中文本的字体、大小、颜色、样式和修饰等。
- 【背景】：主要用于定义页面元素的背景色和背景图像。
- 【区块】：主要用于控制页面元素的间距、对齐方式等。
- 【方框】：主要用于设置页面中方框的宽、高，四周的填充，边界的粗细。

- 【边框】：主要用于设置网页元素的边框效果。
- 【列表】：主要用于控制列表内的各项元素。
- 【定位】：主要用于为元素设置精准的位置，通过它可以让网页元素浮动。
- 【扩展】：主要用于设置打印的分页符和视觉效果。

11.1.3　课堂练习——设置超级链接的文本样式

默认情况下，添加了超级链接的文本显示为蓝色且带有下划线，我们可以创建一个特殊样式将其改变。

操作提示

1. 打开"花草园地"站点内的文档"index_6.html"文档，执行【窗口】/【CSS 样式】命令，展开【CSS 样式】面板。
2. 在【CSS 样式】面板中单击 （新建 CSS 规则）按钮，打开【新建 CSS 规则】对话框，在【选择器类型】选项组中点选【高级（ID、伪类选择器等）】单选按钮，在【选择器】下拉列表框中选择"a:link"，在【定义在】选项组中点选【仅对该文档】单选按钮，如图 11-9 所示。
3. 单击 [确定] 按钮，打开【a:link 的 CSS 规则定义】对话框，在【分类】列表框中选择【类型】选项，设置参数如图 11-10 所示。

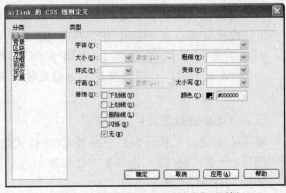

图11-9　【新建 CSS 规则】对话框　　　　图11-10　【a:link 的 CSS 规则定义】对话框

> **要点提示**　此处将文字的【修饰】选项设置为"无"，是为了去掉超级链接文本中的下划线。

4. 单击 [确定] 按钮后，返回编辑页面，可以看到导航栏中的各链接项文本颜色改变了并且无下划线了，设置样式前后的对比效果如图 11-11 所示。

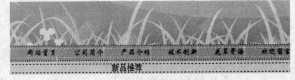

（a）设置样式前　　　　　　　　　　　　　（b）设置样式后

图11-11　设置样式前后的对比效果

5. 按 Shift + Ctrl + S 组合键将此文件命名为"index_11_1.html"另存。

11.2　应用样式表

前面学习了 CSS 样式表的基本操作知识，下面来介绍它的具体应用。其实前面的两个案例操作已经涉及了 CSS 样式应用的知识了。

11.2.1　知识点讲解

【类】样式可以应用于页面中的任何元素，与当前文档相关联的所有【类】样式都显示在【CSS 样式】面板中。如果是文本元素则在文本【属性】面板的【样式】下拉列表中显示所有与文本有关的【类】样式；若是表格或图像等元素则在对应的【属性】面板的【类】下拉列表中显示与当前元素相关的【类】样式。要使用样式时，先选中对象然后直接在下拉列表中选择相应的样式即可。

【标签】样式建立好之后，如果是在 HTML 中使用这些标签，标签里面的内容就将按照定义好的样式出现。

【高级】样式创建好之后，若当 HTML 中出现用 ID 的元素时，可以使用这个 ID 来设置样式，使用方法与使用类相似。伪类选择器同【标签】样式一样，设置好之后就自动更新样式，如 11.1.3 小节的课堂练习。

11.2.2　范例解析——设置段落的首字下沉

在使用 Word 文档时，可以直接设置段落的首字下沉效果。在 Dreamweaver 8 中也可以实现这个效果，下面看一下具体的操作步骤。

范例操作

1. 打开"花草寄语_2.html"文档，在【CSS 样式】面板中单击 （新建 CSS 规则）按钮打开【新建 CSS 规则】对话框，在【选择器类型】选项组中点选【类（可应用于任何标签）】单选按钮，在【名称】下拉列表框中输入"down"，在【定义在】选项组中点选【仅对该文档】单选按钮，如图 11-12 所示。
2. 单击 确定 按钮，打开【.down 的 CSS 规则定义】对话框，在【分类】列表框中选择【类型】选项，设置参数如图 11-13 所示。

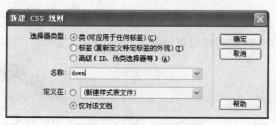

图11-12　自定义【类】样式

图11-13　设置【类型】分类

3. 在【分类】列表框中切换到【方框】分类，在【浮动】下拉列表中选择"左对齐"，如图 11-14 所示。

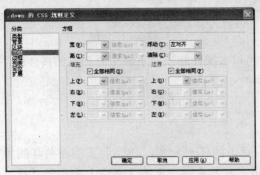

图11-14　设置【方框】分类

4. 单击 ［确定］ 按钮，返回 Dreamweaver 编辑页面，选中第 1 段的第 1 个字，在【属性】面板的【样式】下拉列表中选择 "down" 样式，如图 11-15 所示。

5. 预览首字下沉效果如图 11-16 所示。

图11-15　选择样式

图11-16　预览效果

【知识链接】

　　利用 CSS 样式可以进行文档的排版，选中文档后，在【属性】面板的【样式】下拉列表中选择需要的样式即可。

　　对于文本应用 CSS 样式的说明如下。

- 若将 CSS 样式应用于整个段落，则应将鼠标光标置于此段内再选样式。
- 若将 CSS 样式应用于段落中的某些文本，则先将需要的文本选中，再选样式，如本例中的用法。
- 若将 CSS 样式应用于标签，则应从编辑窗口的标签选择器中选中所需标签，再选择样式。

11.2.3　课堂练习——添加背景图片

　　通过页面属性可以为页面添加背景图片，用 CSS 样式同样可以添加页面背景图片。

操作提示

1. 打开个人站点内的 "古诗.html" 文档。

2. 在【CSS 样式】面板中单击 按钮，打开【新建 CSS 规则】对话框，在【选择器类型】选项组中点选【标签（重新定义特定标签的外观）】单选按钮，在【标签】下拉列表框中选择 "body" 标签，【定义在】选项组中点选【仅对该文档】单选按钮，如图 11-17 所示。

3. 打开【body 的 CSS 规则定义】对话框，在【分类】列表框中选择【背景】选项，设置【背景图像】选项，如图 11-18 所示。

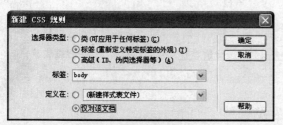

图11-17　创建【标签】样式　　　　　　　　　　图11-18　定义背景图片

4. 单击 确定 按钮，返回编辑页面，保存后按 F12 键，查看效果，如图 11-19 所示，页面自动添加了背景图像。

图11-19　预览效果

11.3　编辑样式表

CSS 样式建立好之后，若有不合适的地方，可以通过 CSS 面板来修改，同时还可以进行删除、复制等操作。

11.3.1　知识点讲解

一、编辑样式表

展开【CSS 样式】面板，在样式列表中选中需要编辑的样式，单击鼠标右键，在右键快捷菜单中选择【编辑】命令，打开规则定义对话框，再重新编辑 CSS 样式。

二、删除样式表

在【CSS 样式】面板的样式列表（见图 11-20）中选中需要删除的样式，单击鼠标右键，在右键快捷菜单中选择【删除】命令即可。

样式表的右键快捷菜单中，几个常用的命令功能如下。

图11-20　样式列表

- 【转到代码】：打开代码编辑窗口，查看样式代码。
- 【新建】：新建一个样式表。
- 【复制】：将目前的样式表再复制一份。
- 【附加样式表】：向样式表中添加外部样式表。
- 【导出】：将目前样式表内容导出到一个独立的样式表文件，该文件扩展名为".CSS"。

要点提示　用户不仅可以通过右键快捷菜单编辑样式表，还可以通过单击样式表属性列表底部的相应按钮来进行一些常用的操作，如单击 按钮附加样式表，单击 按钮新建样式规则，单击 按钮编辑样式，单击 按钮删除样式规则。

11.3.2　范例解析——编辑图片背景样式

上一例中为"古诗.html"设置了背景图片，但图片是通过重复排列布满页面的，如何设置样式实现单张图片背景呢？下面来介绍实现单张图片背景的操作方法。

范例操作

1. 打开个人站点内的"古诗.html"文档。
2. 展开【CSS 样式】面板，在样式列表中右键单击"body"样式，在快捷菜单中选择【编辑】命令，打开【body 的 CSS 规则定义】对话框，将【背景】分类中的【重复】选项设置为"不重复"，其余几项设置如图 11-21 所示。
3. 单击 确定 按钮，返回编辑窗口，保存后按 F12 键查看效果，如图 11-22 所示，此时背景图片在顶部居中，并且只显示一次。

图11-21　重新设置背景样式

图11-22　背景效果预览

11.3.3　课堂练习——附加外部样式表

用户在设计网页时可以从外部直接导入或者链接一个现成的样式表，具体的操作步骤如下。

操作提示

1. 打开文档，在【CSS 样式】面板中单击 （附加样式表）按钮，如图 11-23 所示，打开【链接外部样式表】对话框。

2. 单击【文件/URL】文本框后面的 <u>浏览…</u> 按钮，打开【选择样式表文件】对话框，选中需要的样式表文件，然后单击 <u>确定</u> 按钮返回，如图 11-24 所示。

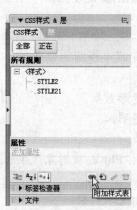

图11-23　附加样式表

图11-24　选择样式表文件

3. 返回到【链接外部样式表】对话框，在【添加为】选项组中点选【链接】单选按钮，在【媒体】下拉列表框选择"所有"，然后单击 <u>确定</u> 按钮，如图 11-25 所示。

4. 这样就将一个外部的样式表附加到当前文档中，如图 11-26 所示。

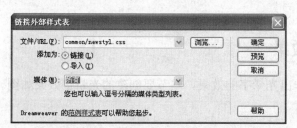

图11-25　【链接外部样式表】对话框

图11-26　链接外部样式表

【知识链接】

　　附加外部样式表有【链接】和【导入】两种方式。

- 【链接】：链接方式在 HTML 代码中自动生成一个 "<link href>" 标签，并引用指定样式表的 URL，将其定义的 CSS 规则添加到当前网页。本例的 "<link href>" 标签格式如下：

  <link href="common/newstyl.css" rel="stylesheet" type="text/css" media="all" />

- 【导入】：导入方式将附加样式表的 CSS 规则嵌入到当前网页的 HTML 代码中，并且在 "<head>…..</head>" 标签之间，如同在代码视图编写 CSS 规则一样。

　　如果附加样式表规则条目较多，一般采用【链接】方式较为方便。

11.4　CSS 滤镜

　　CSS 滤镜是 CSS 规则一个新的扩展，使用 CSS 滤镜可以把可视化的滤镜和转换效果添加到一个标准的 HTML 元素上，例如给网页图像、文本等添加模糊、透明、旋转等特殊效果。

11.4.1　知识点讲解

CSS 滤镜分为静态滤镜和动态滤镜两大类，其中静态滤镜主要是使元素产生各种特殊的静态效果。

静态滤镜主要有如下几个类型。

- Alpha 滤镜：用于改变页面元素的透明度，可使对象呈现半透明的效果。
- Blur 滤镜：可以使元素对象显示出风吹模糊的效果。
- Wave 滤镜：可以是页面对象在垂直方向上产生波浪变形效果。
- Chroma 滤镜：可以将图片或文字中的某种颜色变成透明。
- Dropshadow 滤镜：为页面对象添加下落式的阴影效果。
- FlipH、FlipV 滤镜：FlipH 使对象产生水平翻转效果；FlipV 使对象产生垂直翻转效果。
- Glow 滤镜：使对象的外轮廓产生光晕效果，一般用于文本对象。
- Gray 滤镜：将彩色图片变为灰色调图片。
- Invert 滤镜：使图片产生照片底片的效果。
- Light 滤镜：模拟灯光的投射效果。
- Mask 滤镜：利用一个对象在另一个对象上产生图像的遮罩效果。
- Shadow：添加有渐进感的阴影效果。
- X-ray：类似 X 光的效果，使图片只显示其轮廓。

动态滤镜主要分为混合转换滤镜和显示转换滤镜两种，主要用于处理图像之间的淡入和淡出效果。

11.4.2　范例解析——创建光晕字效果

利用 Dreamweaver 8 的 Glow 滤镜可以制作出光晕字的效果。本节要创建的光晕字效果如图 11-27 所示。

范例操作

1. 打开个人站点内的"index_b.html"文档。
2. 在【CSS 样式】面板中单击 ⊞ 按钮，打开【新建 CSS 规则】对话框，在【选择器类型】选项组中点选【类（可应用于任何标签）】单选按钮，在【名称】下拉列表框中输入"text"，在【定义在】选项组中点选【仅对该文档】单选按钮，如图 11-28 所示。
3. 单击 ┌─确定─┐ 按钮，打开【.text 的 CSS 规则定义】对话框，在【分类】列表框中选择【类型】分类，设置参数如图 11-29 所示。

图11-27　光晕字效果

图11-28 【新建 CSS 规则】对话框 图11-29 设置【类型】分类

4. 在【分类】列表框中切换到【扩展】分类，在【滤镜】下拉列表中选择 "Glow(Color=?, Strength=?)" 选项，并将 "Color" 赋值为 "red"，"Strength" 赋值为 "10"，然后单击 确定 按钮，如图 11-30 所示。

> **要点提示** 这里的 Glow 有两个参数：Color 决定光晕的颜色，可用十六进制代码，也可用颜色单词表示；Strength 表示发光的强度，取值范围是 0～255。

5. 将鼠标光标置于单元格中，在标签选择器中单击 "<td>" 标签，然后在样式表中选择 "text" 样式，如图 11-31 所示。

图11-30 设置【扩展】分类 图11-31 应用样式

6. 保存后，按 F12 键，在浏览器中查看效果，如图 11-27 所示。

11.4.3 课堂练习——设置图片的翻转效果

本节利用 FlipV 滤镜来使图片产生垂直翻转效果，效果如图 11-32 所示。

图11-32 原图效果和翻转图效果对比

操作提示

1. 打开个人站点内的 "turn.html" 文档，在【CSS 样式】面板中单击 按钮，打开【新建 CSS 规则】对话框，在【选择器类型】选项组中点选【类（可应用于任何标签）】单选按钮，在【名称】下拉列表框中输入 "turn"，在【定义在】选项组中点选【仅对该文档】单选按钮，如图 11-33 所示。

2. 单击 确定 按钮，打开【.turn 的 CSS 规则定义】对话框，在【分类】列表框中选择【扩展】选项，在【滤镜】下拉列表中选择 "FlipV"，然后单击 确定 按钮，如图 11-34 所示。

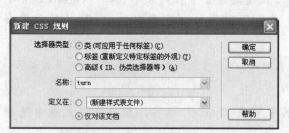
图11-33 【新建 CSS 规则】对话框

图11-34 选择 "FlipV" 滤镜

3. 选择图片，在【属性】面板的【类】下拉列表中选择 "turn"，保存后，按 F12 键预览，可以在浏览器中看到图片的翻转效果，如图 11-32 所示。

11.5 课后作业

1. 利用 CSS 样式将表格的外边框设置成虚线状，如图 11-35 所示。

操作提示

(1) 打开个人站点内的 "个人简介.html"，在【新建 CSS 规则】对话框中，点选【标签（重新定义特定标签的外观）】单选按钮，在【标签】下拉列表中选择 "table"，如图 11-36 所示。

图11-35 虚线边框效果

(2) 在【table 的 CSS 规则定义】对话框中设置参数如图 11-37 所示。

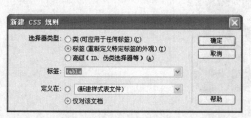
图11-36 定义【标签】样式

图11-37 设置边框效果

(3) 单击 确定 按钮，表格的边框自动更改成如图 11-35 所示的样式。

2. 利用 CSS 的 Invert 滤镜为页面中的图片添加底片效果，如图 11-38 所示。

图11-38　照片底片效果

操作提示

(1) 首先自定义一个【类（可应用于任何标签）】样式，然后在【.turn1 的 CSS 规则定义】对话框的【分类】列表框中选择【扩展】选项，在【滤镜】下拉列表中选择 "Invert"，如图 11-39 所示。

图11-39　选择 "Invert" 滤镜

(2) 将这个规则应用到图片后，在浏览器中浏览时即可看到图片的底片效果。

第12讲

模板和库

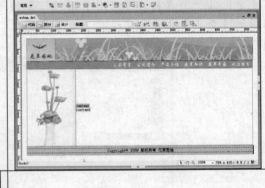

- 在设计大型网站的子页面时，将相同的布局结构制作成模板，在创建新页面时可以直接套用模板。

- 利用模板创建页面，可以使网站各个页面具有统一的风格，并且提高了工作效率。

- 将网页中经常使用的元素保存为库项目，便于在其他网页中重复使用，也便于统一修改。

12.1 模板的应用

在建设网站时，为了保持站点风格一致，需要将多个网页制作成统一风格的页面，如果一个个去制作，工作量极大，而且麻烦。为了减少这种单纯的重复性工作，可以借助 Dreamweaver 8 的模板功能，将页面中相同的结构部分设置成不可更改部分，将需要添加不同内容的部分设置成可更改部分，这样可以极大地提高工作效率。

12.1.1 知识点讲解

模板是一种具有固定页面结构的文档，当用户使用模板后，就可以创建一个和模板结构相同的文档，从而达到快速设计网页的目的。

模板文档包括可编辑区域和不可编辑区域，可编辑区域可以像其他文档一样进行编辑修改，不可编辑的区域则不能在其他文档中进行修改。

创建模板主要有两种方法，一种是将现有的页面文档保存为模板，另一种是以新建的空文档为基础来创建模板。

12.1.2 范例解析（一）——创建模板

当多个网页具有相同的结构时，只需先创建一个纯结构的文档，将它保存为模板，然后再套用这个模板创建其他页面。下面来学习将现有文档保存为模板的操作方法。

范例操作

1. 打开"花草园地"站点内的"moban.html"文档，如图 12-1 所示。

2. 执行【文件】/【另存为模板】命令，打开【另存为模板】对话框，在【另存为】文本框中输入模板名称后，然后单击 保存 按钮，如图 12-2 所示。

3. 此时弹出信息提示框，询问是否更新链接，单击 是(Y) 按钮即可，如图 12-3 所示。

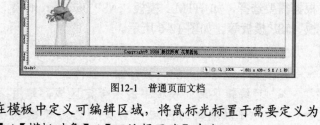

图12-1 普通页面文档

4. 这样即可将当前文档保存为扩展名为".dwt"的模板文档。接着需要在模板中定义可编辑区域，将鼠标光标置于需要定义为可编辑区域的单元格中，执行【插入】/【模板对象】/【可编辑区域】命令。

5. 打开【新建可编辑区域】对话框，在【名称】文本框中将可编辑区域命名为"content"，然后单击 确定 按钮，如图 12-4 所示。

要点提示 在模板中允许同时插入多个可编辑区域，但至少要插入一个可编辑区域，并且用不同的名称来命名。

图12-2　定义模板名称

图12-3　信息提示窗口

图12-4　命名可编辑区域

6.　这样就在模板中插入了可编辑区域，如图 12-5 所示，按 Ctrl+S 组合键将模板保存。

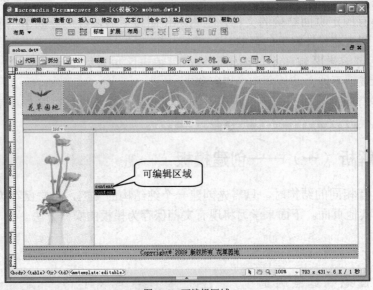

图12-5　可编辑区域

【知识链接】

一、新建模板文档

在 Dreamweaver 8 中执行【文件】/【新建】命令，打开【新建文档】对话框，在其中提供了用于创建新模板和基于模板的页面等多种选项，用户可根据需要选择，如 HTML 模板、ASP JavaScript 模板、JSP 模板等，如图 12-6 所示。

二、插入模板对象

在模板中经常插入的区域有如下 3 种。

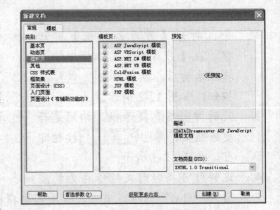

图12-6　新建模板文档

- 可编辑区域：模板中的未锁定区域，即用户可以编辑的区域，当文档套用该模板后，该区域允许用户进行任何网页编辑。
- 可选区域：在模板中指定为可以显示或隐藏的区域，用于保存文档中可能出现的内容，用户可以设置可选区域是否可以显示内容。
- 重复区域：在模板中可以设置一个表格为可重复区域，当套用该模板后，用户可以编辑表格内容，并且可以重复生成表格副本。

12.1.3　范例解析（二）——使用模板创建页面

模板创建之后，可以使用模板快速地创建页面。

 范例操作

1. 新建一个空白的 HTML 文档，在【文件】面板中切换到【资源】选项卡，展开【资源】面板，单击面板左侧的 （模板）按钮，如图 12-7 所示。

2. 在右侧的【名称】栏中展示了本站点内的模板列表，选择模板"moban"，此时可以看到预览效果，单击 应用 按钮，将选中的模板应用到文档中，如图 12-8 所示。

图12-7　【资源】面板

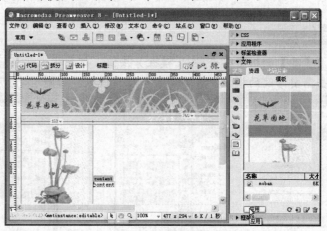

图12-8　选择应用模板

> **要点提示**　在模板上单击鼠标右键，在右键快捷菜单中选择【应用】命令，也可以将该模板应用到当前文档中去。

3. 将鼠标光标置于可编辑区域中，拖曳鼠标将可编辑区域名称删除，然后复制一份文档进来，如图 12-9 所示。

> **要点提示**　可编辑区域不仅可以输入文本内容，还可以插入其他任何网页元素，如图像、文本框、表格等，可以与普通页面一样进行编辑操作。

4. 简单排版后，将文档命名为"technic.html"保存，按 F12 键查看效果，如图 12-10 所示。

图12-9　填充内容

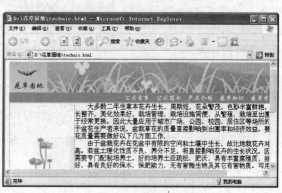

图12-10　查看效果

【知识链接】

　　用户可以先创建空文档再应用模板，也可以直接从模板创建文档。执行【文件】/【新建】命令，打开【新建文档】对话框，展开【模板】选项卡，在左侧选择站点，在中间选择模板，然后单击 创建(R) 按钮，即可创建一个带模板的空文档，此时用户可以在可编辑区域中进行编辑操作。

12.1.4　课堂练习——修改模板

　　若模板在使用的过程需要修改怎么办呢？其实只要打开【资源】面板就可以轻松搞定。下面介绍修改模板的方法。

操作提示

1. 在【资源】面板中单击 ▣ （模板）按钮，打开模板列表，如图 12-11 所示。
2. 双击需要修改的模板，在编辑窗口打开模板，如图 12-12 所示。

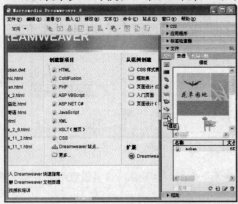

图12-11　在【资源】面板中展开模板列表

图12-12　打开模板

3. 如果要更换模板左侧的图片，可以单击左侧的图片，执行【插入】/【图像】命令，打开【选择图像源文件】对话框，选择图片 "hua06.jpg"，如图 12-13 所示，然后单击 确定 按钮。
4. 修改完毕，保存模板时，弹出如图 12-14 所示的信息提示框，询问是否更新用此模板创建的页面文档，单击 更新(U) 按钮即可。

图12-13　选择图片

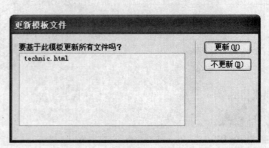

图12-14　更新套用此模板的文档

5. 更新完毕，单击 关闭(C) 按钮即可，如图 12-15 所示。

图12-15　更新完毕

12.2　库项目的应用

在制作网页时，可以将一些使用频率高的页面元素保存到库中，需要时可以直接使用，省去了重新设计的麻烦。

12.2.1　知识点讲解

库是一种特殊的 Dreamweaver 文件，它包含了已创建的单独的资源或资源副本的集合。库里的这些资源称为库项目，可以存储为库项目的页面元素包含各种各样，如图像、表格、视频等，或者是这些元素的集合体。

库项目可以被不限次地重复使用，当设计页面时可以将这些库项目插入页面。当更改某个库项目内容时，所有使用该库项目的页面也随之更新。

12.2.2　范例解析（一）——创建库项目

网页中许多网页元素都是重复出现的，如导航条、广告条、图像、文本、ActiveX 元素等，将这些元素制成库项目是非常有用的。下面介绍库项目的创建方法。

范例操作

1. 打开"花草园地"站点内的"index_2.html"文档，展开【资源】面板，单击 （库）按钮，展开库项目列表，如图 12-16 所示。
2. 在页面中选中导航条所在表格，然后单击 （新建库项目）按钮，如图 12-17 所示。

图12-16　展开库项目列表

图12-17　新建库项目

3. 这样即可将选定的表格添加为库项目，此时呈提示输入状态，如图 12-18 所示，输入名称"daohangtiao"后，弹出如图 12-19 所示的信息提示框，询问是否更新链接，单击 更新(U) 按钮。

图12-18　提示更名

图12-19　提示更新链接

4. 这样，导航条库项目就创建好了，如图 12-20 所示。

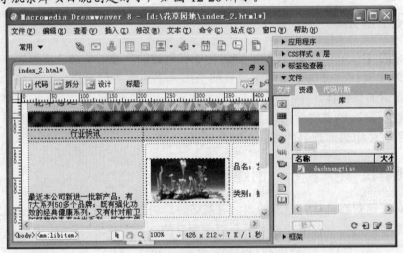

图12-20　导航条库项目

【知识链接】

(1) 将页面中选定的元素创建为库项目的方法，有如下 4 种。

- 执行【修改】/【库】/【增加对象到库】命令。
- 直接将选定对象拖到【资源】面板的库列表中去。
- 单击【资源】面板右上角的 ≣ 按钮，在打开的菜单中选择【新建库项目】命令。
- 页面中选中导航条所在表格，然后单击 🔁 （新建库项目）按钮。

(2) 使用库项目的方法：在库项目列表中，将库项目直接拖曳到页面中的目标位置。

12.2.3　范例解析（二）——运用库更新网站

运用库项目可以批量更新网站中相同的元素，大到一个页面框架，小到一个字符。同时也可以针对某个网页单独更新。下面来介绍运用库更新网站的步骤。

范例操作

1. 打开"花草园地"站点内的一个页面，执行【修改】/【库】/【更新页面】命令。

2. 打开【更新页面】对话框，选择更新范围，在【查看】选项的第 1 个下拉列表中选择"整个站点"，在第 2 个下拉列表中选择"花草园地"，在【更新】选项组中勾选【库项目】复选框，勾选【显示记录】复选框，如图 12-21 所示。

3. 单击 开始(S) 按钮，开始更新站点内的所有页面，更新结果如图 12-22 所示。

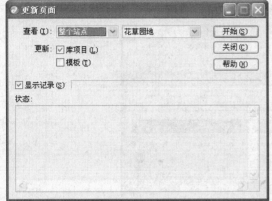

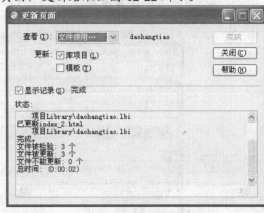

图12-21　选择更新范围　　　　　　　　　　　　　图12-22　更新结果

4. 更新完毕，单击 关闭(C) 按钮退出。

【知识链接】

【更新页面】对话框中各选项的含义如下。

- 【查看】：若要更新站点内的所有库项目，则要选择"整个站点"，然后从第 2 个下拉列表中选择站点的名称，如本例中的"花草园地"。若只更某个库项目，则选择"文件使用…"，然后从第 2 个下拉列表框中选择库项目即可，如图 12-23 所示。

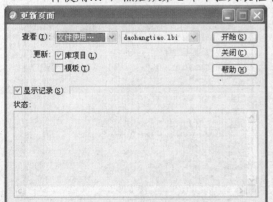

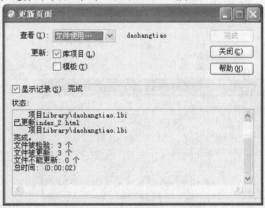

图12-23　更新某个库项目

- 【更新】：该选项组中包含【库项目】和【模板】两个选项。勾选【库项目】复选框，指定更新的目标为库项目；勾选【模板】复选框，指定更新的目标为模板。
- 【显示记录】：勾选该复选框可展开底部的信息框，显示更新的文档信息。

12.2.4　课堂练习——修改库项目

修改库项目有两种情况，一种是在库项目列表中修改，一种是在具体的页面中修改。下面来介绍修改库项目的方法。

操作提示

1. 在库项目列表中双击某个库项目，在编辑区打开库项目。

2. 此时的库项目可以像普通页面一样编辑，在导航栏中选中"公司首页"项，在【属性】面板中将【链接】选项由原来的"index.html"更改为"index_2.html"，如图 12-24 所示。

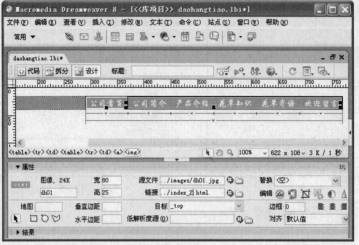

图12-24　更新首页链接

3. 按 Ctrl + S 组合键保存后，弹出如图 12-25 所示的更新提示框，询问是否更新已应用此库项目的所有页面，单击 更新(U) 按钮更新。

4. 更新完成，在对话框显示更新信息，如图 12-26 所示，单击 关闭(C) 按钮退出即可完成操作。

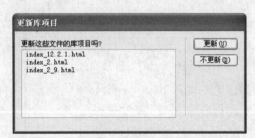

图12-25　更新提示框

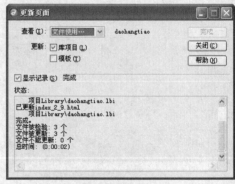

图12-26　更新结果

 如果在网页中修改库项目，可以先在页面中选中库项目，然后在【属性】面板中单击 打开 按钮，打开库项目进行编辑。若只想更改本页面的库项目内容而不想更改源库项目，可在【属性】面板中先单击 从源文件中分离 按钮，再进行编辑，如图 12-27 所示。

图12-27　页面中库项目的【属性】面板

12.3 课后作业

1. 新建一个页面，套用第一节创建的模板，并插入一张图片。

操作提示

(1) 新建一个页面，展开【资源】面板，应用"moban"模板。

(2) 在编辑区删除可编辑区域名称，插入一张图片。

2. 将"index.html"文档的 Logo 图标保存为库项目，并命名为"logo"。

操作提示

(1) 打开页面文档"index.html"，展开【资源】面板，切换到库项目列表。

(2) 选中网站标志图片，按住鼠标左键拖曳图片到库项目列表，并更名为"logo"，如图 12-28 所示。

图12-28 创建 logo 库项目

第13讲

行为的应用

【学习目标】

- 利用 Dreamweaver 自带的信息提示行为，可以实现在页面中弹出一个承载重要信息的信息提示对话框。

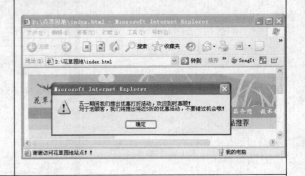

- 通过添加"显示-隐藏层"行为可以为页面的图片等页面对象添加网页提示。

- 利用【设置文本】/【设置状态栏文本】行为，可以在页面的状态栏显示文本信息。

13.1　行为的创建

在 Dreamweaver 8 中，用户不需要自己编写复杂的 JavaScript 代码来实现动态交互功能，使用行为就可以轻松地实现。使用行为能够在网页中自动生成 JavaScript 代码，并且将所生成的代码自动和相应的事件相关联。

13.1.1　知识点讲解

行为由两部分组成：事件和动作。所谓事件就是指"做了什么事"，如单击鼠标、移动鼠标、移动鼠标到对象上或双击鼠标等；动作是指"引发什么动作"，如打开浏览器窗口、播放声音、弹出信息提示框等。

行为的过程是先发生事件，从而执行动作，例如单击一个按钮（事件），弹出一个对话框（动作）。

13.1.2　范例解析（一）——弹出信息窗口

前面章节的部分案例已经接触到了行为，下面来详细介绍行为的创建方法。

范例操作

1. 打开个人站点内的"index_b.html"文档，单击图片，然后执行【窗口】/【行为】命令，打开【行为】面板，如图 13-1 所示。

> **要点提示**　所有的行为动作必须加载在标签对象上，行为不能凭空产生，所以本例中要先单击一下图片，将行为加载到图片标签"<img>"上。

2. 单击 **+,** （添加行为）按钮，在打开的下拉菜单中选择【弹出信息】命令，在打开的【弹出信息】对话框中，输入如图 13-2 所示的文本，然后单击 确定 按钮。此时添加了一个默认的事件。

图13-1　打开【行为】面板

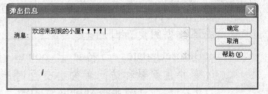

图13-2　输入文本

3. 单击左侧默认事件，激活该事件，再单击右侧的 ☑ 图标，在弹出的下拉列表中选择"onClick"选项，如图 13-3 所示。

4. 按 Ctrl+S 组合键保存，按 F12 键预览文档，在图片上单击鼠标左键，弹出信息提示对话框，如图 13-4 所示。

图13-3　选择事件

图13-4　弹出信息提示对话框

【知识链接】

一、　【行为】面板

执行【窗口】/【行为】命令或者按 Shift+F4 组合键都可以展开【行为】面板，如图 13-5 所示。

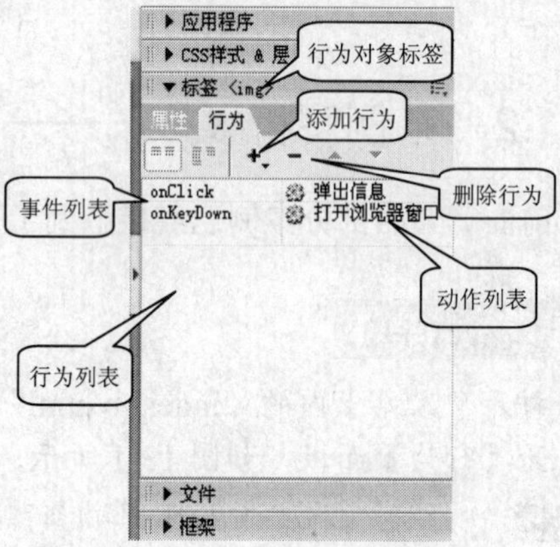

行为列表显示了当前页面中选定标签对象的所有行为事件，左侧是事件列表，右侧是动作列表。

单击 ✚ 按钮，打开行为菜单，在菜单中选择动作，附加到当前的标签对象中去，设置完参数和事件后，即可添加一个行为；单击 ━ 按钮，可删除该选中的事件和动作。

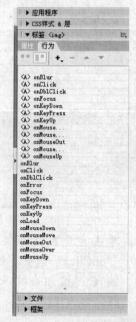

图13-5　【行为】面板

二、　事件

事件是触发行为的条件。如上例，弹出信息窗口的行为是在用鼠标单击图片（onClick）这个事件触发下发生的。

Dreamweaver 8 提供了许多事件，如图 13-6 所示，下面介绍一些常用的事件。

- onAbort: 当访问者中断浏览器正在载入图像的操作时产生。
- onAfterUpdate: 当网页中 bound（边界）数据元素已经完成源数据的更新时产生。
- onBeforeUpdate: 当网页中 bound（边界）数据元素已经改变并且就要和访问者失去交互时产生。
- onKeyUp: 当键盘按键被松开时产生。
- onLoad: 当一个图像或网页载入完成时产生。
- onMouseDown: 当访问者按下鼠标键时产生。
- onBlur: 当指定元素不再被访问者交互时产生。
- onMouseUp: 当鼠标弹起时产生。
- onMove: 当窗体或框架移动时产生。

图13-6　Dreamweaver 8 提供的事件

- onSubmit: 当访问者提交表单时产生。
- onUnload: 当访问者离开网页时产生。
- onKeyDown: 当按下任意键的同时产生。
- onMouseOut: 当鼠标指针从指定元素上移开时产生。
- onMouseOver: 当鼠标移动到指定元素时产生。
- onReadyStateChange: 当指定元素的状态改变时产生。
- onReset: 当表单内容被重新设置为缺省值时产生。
- onResize: 当访问者调整浏览器或框架大小时产生。
- onSelect: 当访问者选择文本框中的文本时产生。
- onDblClick: 当访问者双击指定的元素时产生。
- onFocus: 当指定元素被访问者交互时产生。
- onChange: 当访问者改变网页中的某个值时产生。

三、 动作

动作是对事件的一个响应，并产生一个动态效果，如上例中的弹出窗口就是对 onClick 事件的一个响应。

同样，Dreamweaver 8 也提供了许多常用的动作，如图 13-7 所示为在行为菜单中列出的动作。

图13-7 常用的动作

- 交换图像: 此动作可以通过改变图像标签 "<img>" 的 SRC 属性将该图像变换为另外一幅图像。
- 弹出信息: 此动作将指定的信息显示在 JavaScript 警告框中。由于 JavaScript 警告框中只有一个按钮（OK），因此可以使用这个动作给访问者提供信息而不是提供选择。
- 恢复交换图像: 此动作可以将最后设置的变换图像还原为原始图像。
- 打开浏览器窗口: 此动作可以在一个新的窗口中打开一个 URL。用户可以指定新窗口的属性，包括它的大小、属性（窗体大小是否可调整，是否有菜单栏等）及名称。如果用户指定新窗口无属性，则新窗口将按启动它的窗口的大小及属性打开。
- 拖动层: 此动作允许访问者使用拖动层的操作。使用这个动作用户可以创建拼图游戏、滑动控制和其他可移动的网页页面元素。
- 控制 Shockwave 或 Flash: 此动作可以播放、停止、回放或转到 Shockwave 或 Flash 电影中的某一帧。
- 调用 JavaScript: 此动作允许使用行为控制器指定当事件发生时将被执行的自定义函数或 JavaScript 代码行。
- 改变属性: 此动作能够改变对象的属性值。能改变的属性是由目标浏览器的类型决定的。
- 显示-隐藏层: 此动作可以显示、隐藏或还原一个或多个层的默认显示状态。
- 检查插件: 此动作可以根据访问者是否安装特定插件决定是否给他发送不同网页。例如，可以让安装了 Shockwave 插件的访问者访问一个网页，而未安装的访问者访问另一个网页。

- 检查浏览器：此动作可以根据访问者浏览器的类型和版本发送不同的网页。例如，如果访问者使用的是 Netscape Navigator 4.0 或其后续版本的浏览器，可以将其引导到一个网页；如果访问者使用的是 Internet Explore 4.0 或其后续版本的浏览器，可以将其引导到另一个网页；如果访问者使用的是其他类型的浏览器，可以保留当前网页。

- 检查表单：此动作可以检测指定文本域中的内容以确保访问者输入的数据类型正确。用 onBlur 事件为单独的表单域附加该动作，则访问者填写表单时检测该域；用 onSubmit 事件为表单附加该动作，则访问者单击 Submit（提交）按钮时立即评估若干个域。为表单附加该动作可以防止指定域包含无效数据提交给服务器的情况。

- 设置导航栏图像：此动作能将图像转换成导航栏图像或改变导航栏中图像的显示及动作。

13.1.3　范例解析（二）——制作网页提示

在浏览网页时，将鼠标指针悬停在图像上时会显示解释说明文字，这种效果可以用行为实现。下面来介绍制作网页提示的操作步骤。

范例操作

1. 打开花草园地站内的 "Description001.html" 文档，在图片旁边插入一个层，并在层上输入说明性文字，如图 13-8 所示。

图13-8　插入层并输入文字

2. 执行【窗口】/【层】命令，展开【层】面板，在【层】面板中，将层设置为隐藏，如图 13-9 所示。

> **要点提示**　此处用【层】面板来操作层，主要是为了确认层名，为后面的操作做准备。若页面中的层有多个时，可确认层，防止弄错。

3. 在编辑窗口中选中图片，执行【窗口】/【行为】命令，展开【行为】面板，然后单击 + 按钮，在打开的下拉菜单中选择【显示-隐藏层】命令，如图 13-10 所示。

4. 打开【显示-隐藏层】对话框，如图 13-11 所示，选中层后，单击 显示 按钮，再单击 确定 按钮，返回编辑窗口。

图13-9　隐藏层

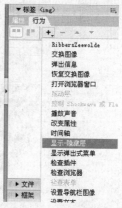

图13-10　【显示-隐藏层】命令

5. 此时【行为】面板中自动添加了一个事件，单击事件，从其下拉列表中选择 "onMouseOver" 选项，如图 13-12 所示，这样当鼠标指针移到图片上时就显示该层。

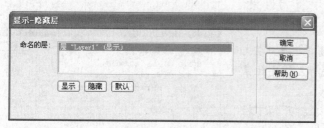

图13-11　显示层

图13-12　设置显示事件

6. 继续选中图片，单击 ➕ 按钮，在打开的下拉菜单中选择【显示-隐藏层】命令，打开【显示-隐藏层】对话框，选中层后，单击 隐藏 按钮，再单击 确定 按钮，返回编辑窗口，如图 13-13 所示。

7. 在【行为】面板中将行为事件设置为 "onMouseOut"，如图 13-14 所示，这样当鼠标指针移开时，层就隐藏起来。

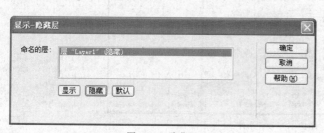

图13-13　隐藏层

图13-14　设置隐藏事件

8. 按 Ctrl+S 组合键保存，按 F12 键预览文档，效果如图 13-15 所示。

图13-15　显示提示信息

13.1.4　课堂练习——弹出特殊窗口

如果学生已经掌握了本节介绍的这些知识内容，可以在老师的指导下，练习弹出特殊窗口的操作。

操作提示

1. 打开"个人站点"内的"index_b.html"文档，在文本"娱乐共赏"所在单元格内单击鼠标左键定位鼠标光标。

2. 展开【行为】面板，单击 + 按钮，在打开的下拉菜单中选择【打开浏览器窗口】命令，并在打开的对话框中设置参数如图 13-16 所示。

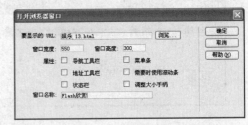

图13-16　设置弹出窗口

要点提示　此处如果不指定窗口的任何设置，则打开的窗口与打开它的窗口属性相同；若设置任意一项后，则中间【属性】选项未选中的复选框将不在打开的窗口中出现。

3. 单击 确定 按钮，返回窗口，将事件设置为"onclick"，如图 13-17 所示。

图13-17　设置事件

4. 按 Ctrl+S 组合键保存，按 F12 键预览文档效果。

13.2　行为的编辑

行为创建后，有需要变动的地方，可以进行编辑。

13.2.1　知识点讲解

一、　编辑行为

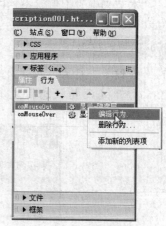

编辑行为的方法：右键单击选定行为，在打开的右键快捷菜单中，选择【编辑行为】命令，如图 13-18 所示，然后打开行为设置框，根据需要再重新设定。

二、　删除行为

删除行为有两种方法：一是选中行为然后单击 − 按钮，删除行为；二是右键单击选定行为，在打开的右键快捷菜单中选择【删除行为】命令，将行为直接删除，如图 13-18 所示。

图13-18　编辑行为

13.2.2　范例解析——给状态栏添加文字

在浏览网页时，有时可以看到状态栏有提示性文字，下面就来介绍给状态栏添加提示性文字的方法。

范例操作

1. 打开"花草园地"站点内的"index.html"文档，单击"<body>"标签，然后执行【窗口】/【行为】命令，展开【行为】面板。
2. 单击 + 按钮，在行为菜单中依次选择【设置文本】/【设置状态栏文本】命令，打开【设置状态栏文本】对话框，输入如图 13-19 所示的文本后，单击 ＿确定＿ 按钮。

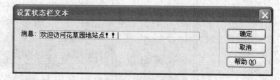

图13-19　输入文本

3. 在行为列表中生成了一个行为，单击左侧的默认事件将"onMouseOver"更换为"onLoad"，如图 13-20 所示，这样在加载页面时状态栏就可以显示所设置的文字了。
4. 按 Ctrl+S 组合键保存，按 F12 键预览文档，效果如图 13-21 所示。

图13-20　更改事件

图13-21　状态栏显示文字

13.2.3　课堂练习——编辑行为

本节来更改上例状态栏中显示的文字。

🔒 操作提示

1. 右键单击行为，在弹出的菜单中选择【编辑行为】命令。
2. 打开【设置状态栏文本】对话框，将原来的文本更改为如图 13-22 所示文本后，单击
   ▢确定▢按钮。

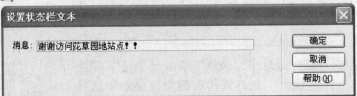

图13-22　更改文本

3. 按 Ctrl+S 组合键保存，按 F12 键预览文档。

13.3　课后作业

1. 为"花草园地"站点内的主页"index.html"添加一个弹出信息对话框，如图 13-23 所示。

图13-23　弹出信息窗口

🔒 操作提示

(1) 单击"<body>"标签后，添加【弹出信息】行为，在打开的【弹出信息】对话框中输入如
图 13-24 所示文本。

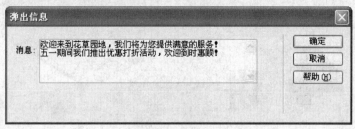

图13-24　添加文本

(2) 将事件设置为 "onLoad"，保存后即可预览效果。

2. 利用行为的编辑功能，将上面操作题中的弹出信息更改为如图 13-25 所示的文字。

图13-25　更改弹出信息后的效果

操作提示

(1) 右键单击行为，在菜单中单击【编辑行为】命令。

(2) 在打开的【弹出信息】对话框中，将文本更改为如图 13-26 所示文字。

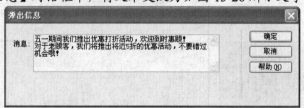

图13-26　更改文本

第 **14** 讲

时间轴的应用

- 创建动画时，可以通过添加关键帧来更改层的运动路径，从而实现曲线运动效果。

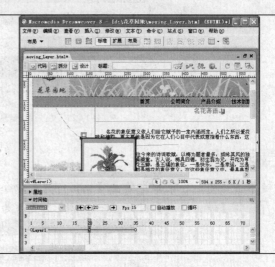

- 利用录制层路径的方法创建动画非常方便，并且可以任意创建曲线。

- 在时间轴上可以同时添加多个动画条，也可以让多个动画同时开始、同时结束。

14.1 认识时间轴

在 Dreamweaver 中,时间轴使用动态 HTML 来更改层和图像在一段时间内的属性。利用时间轴可以创建不需要任何 ActiveX 控件、插件或 Java Applet(但需要 JavaScript)的动画。

14.1.1 知识点讲解

动画实现的原理就是将不同的画面或不同位置的同一个画面串连起来播放,让人产生运动的错觉。时间轴就是利用这个原理来实现页面中层的动画效果的,它的基本单位就是一个画面,或者叫做帧。在这些画面中有些画面起着非常关键的作用,可以影响整个动画,这样的画面叫做关键帧。

时间轴也称为时间线,它是一条贯穿时间的横轴,是时间抽象概念的实体化。时间轴用于表示网页显示期间发生的状态变化,用户将需要运动的网页对象放入到时间轴的通道里,然后通过对时间轴的控制来实现网页的动画效果。

时间轴的工作过程就是先把多个画面按顺序串连起来,然后再按照时间先后顺序串起来播放形成动画。

14.1.2 范例解析——显示与隐藏时间轴

默认情况下,【时间轴】面板是不显示出来的,使用前应先将其显示出来。

范例操作

1. 新建或者打开任意一个文档,执行【窗口】/【时间轴】命令,这样在【属性】面板的下面就打开了【时间轴】面板,如图 14-1 所示。
2. 在【时间轴】面板左上角的下拉列表框中,可以更改时间轴的名称,如更改为"时间轴1",如图 14-2 所示。

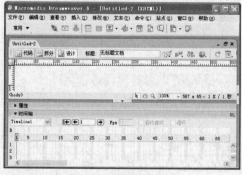

图14-1 【时间轴】面板

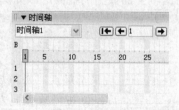

图14-2 更改名称

3. 在一个页面中可以添加多个时间轴。在时间轴中单击鼠标右键,在快捷菜单中选择【添加时间轴】命令,可以在【时间轴】面板左上角的下拉列表框中看到添加的时间轴,如图 14-3 所示。

4. 同样,在时间轴中单击鼠标右键,在快捷菜单中选择【移除时间轴】命令,可将当前时间轴移除。

图14-3 多个时间轴

5. 单击【时间轴】面板标题栏中的"时间轴"文本或其前面的箭头，可将时间轴隐藏，如图 14-4 所示。

> ▶ 属性
> ▶ 时间轴

图14-4　隐藏时间轴

要点提示 按 Alt+F9 组合键也可显示或隐藏【时间轴】面板。按一次 Alt+F9 组合键可以显示（或隐藏）【时间轴】面板，再次按此组合键可以将其隐藏（或显示）。

【知识链接】

一、【时间轴】面板

【时间轴】面板由通道组成。每一个通道里面放一个要运动的物体，其中的关键帧用圆点表示，在时间轴上显示为方块状的为播放栏，播放栏所指的位置就是动画当前所在的帧。【时间轴】面板如图 14-5 所示。

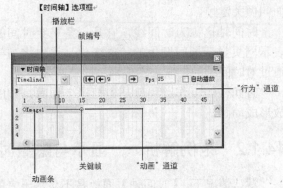

图14-5　【时间轴】面板

- 【时间轴】选项框：指定当前在【时间轴】面板中显示文档的哪个时间轴。
- 播放栏：显示当前在文档窗口中显示时间轴的哪一帧。
- 帧编号：指示帧的序号。在 ← 按钮和 → 按钮之间的数字是当前帧编号。
- "行为"通道：是应该在时间轴中特定帧处执行的行为的通道。
- 动画条：显示每个对象的动画的持续时间。一个行可以包含表示不同对象的多个条。不同的条无法控制同一帧中的同一对象。
- 关键帧：是动画条中已经为对象指定属性（如位置）的帧。Dreamweaver 8 会计算关键帧之间帧的中间值，小圆标记表示关键帧。
- "动画"通道：显示用于制作层和图像动画的条。

二、播放选项

【时间轴】面板中的播放选项如图 14-6 所示。

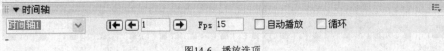

图14-6　播放选项

- ← 按钮：后退至起点，将播放栏移至时间轴中的第 1 帧。
- ← 按钮：后退，将播放栏向左移动一帧。单击 ← 按钮并按住鼠标左键可向后播放时间轴。
- → 按钮：播放，将播放栏向右移动一帧。单击 → 按钮并按住鼠标左键可向前播放时间轴。
- 【自动播放】：用于设置时间轴于当前页在浏览器中加载时自动开始播放。"自动播放"将一个行为附加到页的"<body>"标签，该行为在页加载时执行"播放时间轴"操作。

- 【循环】：用于设置当前时间轴在浏览器中打开时无限地循环。"循环"在动画的最后一帧之后将"转到时间轴帧"行为插入到"行为"通道中。在"行为"通道中双击该行为的标记可编辑此行为的参数并更改循环的次数。
- Fps：用于设置每秒运动的帧数。用户可以通过设置帧的总数和每秒帧数（fps）来控制动画的持续时间。每秒 15 帧这一默认设置是比较合适的平均速率，可用在通常的 Windows 系统上运行的大多数浏览器。

14.1.3 课堂练习——添加对象到时间轴

初步学习了时间轴的基本概念后，我们来介绍如何将一个网页对象与时间轴联系起来。

操作提示

1. 新建一个空白 HTML 文档，并创建一个层，然后按 Alt+F9 组合键展开【时间轴】面板。
2. 选中层，单击鼠标右键，在右键菜单中选择【添加到时间轴】命令。
3. 此时弹出一个信息提示框，提示将层添加到时间轴后可以进行的操作，勾选【不再显示这个信息】复选框，然后单击 确定 按钮即可，如图 14-7 所示。这样就可以将一个层对象添加到时间轴上。

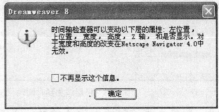

图14-7　信息提示框

要点提示 将层对象添加到时间轴还有另外两种方法：一是直接将层拖到时间轴上；二是选中层后执行【修改】/【时间轴】/【增加对象到时间轴】命令。

14.2 创建时间轴动画

时间轴的操作对象主要是层，若要实现对其他网页对象的动画设置，必须先将对象放入一个层中，然后才能进行动画操作。

14.2.1 知识点讲解

创建时间轴动画，就是往时间通道上添加层，构建动画条，创建关键帧，指定层在文档中处于关键帧时的位置，再串连播放，从而实现动画。

利用时间轴和层创建动画有两种方法：关键帧方法和录制层路径方法。

14.2.2 范例解析（一）——制作移动的广告框

下面来介绍用关键帧方法创建时间轴动画的方法。

范例操作

1. 打开"花草园地"站点内的"moving_Layer.html"文档，按 Alt+F9 组合键展开【时间轴】面板。

2. 选中层，单击鼠标右键，在右键菜单中选择【添加到时间轴】命令，即可将层添加到时间轴上，可以看到插入动画的长度默认为 15 帧，当前的层名（Layer1）显示在动画条中，并且在动画条的两端自动加入了两个关键帧，如图 14-8 所示。

3. 拖动动画条右侧的关键帧标记——o 到第 35 帧处，如图 14-9 所示。这样可以延长动画的播放时间。

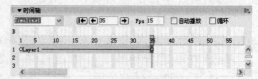

图14-8　将层添加到时间轴　　　　　　　　　　　　　图14-9　延长时间

4. 先单击第 35 帧上的关键帧，然后在编辑窗口中将层拖动一段距离，可以看到层的起始位置和结束位置之间出现一条直线，这就是层的移动轨迹，如图 14-10 所示。

> **要点提示** 这样层就会在规定的时间内沿着运动轨迹连续移动，从而实现层的动画效果。此处的层将按照图中显示的直线移动。如果只需要层做直线运动，到此步骤就可以结束并播放了；若要改变路径，实现曲线运动，则需要进一步增加关键帧。

5. 在时间轴中单击选中该层的动画条，按住 Ctrl 键后，鼠标指针变成小圆圈状，在第 20 帧处单击鼠标左键，在该位置出现了一个小圆圈，表示插入了一个关键帧，如图 14-11 所示。

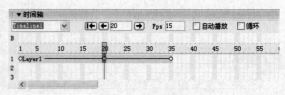

图14-10　原始的直线轨迹　　　　　　　　　　　　　图14-11　插入关键帧

6. 此时编辑窗口中的层也自动移到与第 20 帧相对应的轨迹位置上，选中层，将层拖动一定距离后松开鼠标，此时的时间轴轨迹呈现曲线状态，如图 14-12 所示。

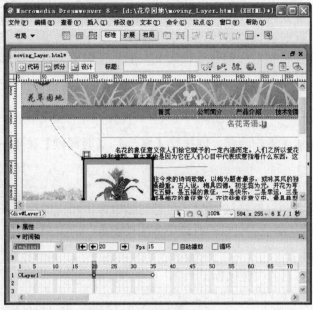

图14-12 运动轨迹变成了曲线

7. 在【时间轴】面板中，勾选【自动播放】复选框和【循环】复选框，这时会依次弹出两个信息提示对话框，单击 ┌─确定─┐ 按钮，将它们关闭，如图 14-13 和 14-14 所示。

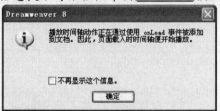
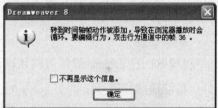

图14-13 自动播放提示信息　　　　　　　　　　　图14-14 循环播放提示信息

8. 按 Ctrl+S 组合键保存，按 F12 键预览文档，可以看到层沿着所设定的轨迹循环移动，如图 14-15 所示。

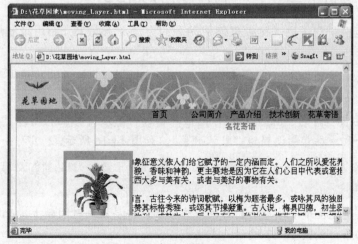

图14-15 层沿着轨迹移动

【知识链接】

一、 插入关键帧

插入关键帧方法：将鼠标指针移到时间轴，按住 Ctrl 键，鼠标指针变成小圆圈状，单击需要插入关键帧的地方，此时在该位置出现一个小圆圈，表示插入了一个关键帧，同时编辑窗口中的层也自动移到与当前帧相对应的轨迹位置上。然后在编辑窗口中将层拖动适当距离后，松开鼠标，即可改变层的运动路径。

如果要移动关键帧，可以直接单击选中关键帧，然后向左右拖动。

二、 添加/删除帧

如要在时间轴上添加或者删除帧，则执行【修改】/【时间轴】菜单中的【添加帧】或【删除帧】命令。

三、 选中动画条

动画条显示每个对象的动画持续时间，在时间轴中单击相应的动画条，即可将其选中。按住 Shift 键再单击不同的动画条，可以同时选中多个动画条。

四、 改变动画时间

左右拖动动画条最右端的关键帧标记━○，可以改变动画的播放时间。拖动整个动画条在时间轴中移动可以改变动画播放的起止时间。

五、 改变动画的播放速率

动画的默认播放速率是每秒 15 帧，这是大多数浏览器的平均速率。用户可以在【Fps】文本框中输入数值来改变播放速率，数字越大播放越快，但并不是速率越快越好，有的浏览器达不到很高的速率时，就将高出的速率忽略。

六、 删除动画

选中动画条，按 Delete 键即可将该动画删除。

七、 自动播放和循环

若要让浏览器能够自动播放动画，则要勾选【自动播放】复选框。一般来说都将这一项选中。勾选【循环】复选框就可以实现动画的循环播放了。

14.2.3　范例解析（二）——制作飘落的花儿

通过上面的范例学习了用关键帧来创建动画的方法，下面来介绍用录制层路径创建动画的方法。

范例操作

1. 打开"个人站点"内的"index.html"文档，添加一个层，并插入图片"piaoluo.gif"，层的大小和图片一致，层背景设置为"默认颜色"，如图 14-16 所示。

要点提示　图片放在个人站点的"images"文件夹内。将层的背景设置为"默认颜色"，可以消去层的影响，凸显图片效果。

2. 按 Alt+F9 组合键展开【时间轴】面板，选中层，将层拖到时间轴上，此时在时间轴上自动产生一个动画条，如图 14-17 所示。

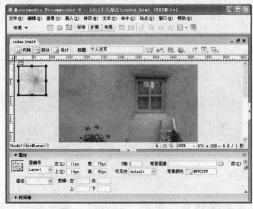

图14-16　添加层

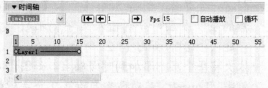

图14-17　将层拖到时间轴

3. 选中层，单击鼠标右键，在快捷菜单中选择【记录路径】命令，在编辑窗口中按住鼠标左键拖动层，可以看到鼠标指针变为 形状，且移动的路线用粗线标识出来，表示正在记录路径，如图 14-18 所示。

4. 录制结束，松开鼠标，可以看到起始位置和结束位置通过曲线连接在一起，如图 14-19 所示。

5. 完成后，在【时间轴】面板上自动添加一个动画条，并且带有一定数量的关键帧，如图 14-20 所示。

图14-18　录制路径

图14-19　记录的路径

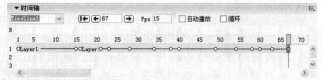

图14-20　时间轴上的动画条

6. 勾选【时间轴】面板中的【自动播放】复选框和【循环】复选框，保存文档，按 F12 键，观看效果如图 14-21 所示。

图14-21　正在飘落的花儿

要点提示
可以看出在创建具有复杂路径的动画时，使用录制层路径的方法是非常便捷的，不仅省去了创建关键帧的麻烦，而且用户可以不受限制地去拖曳曲线。

14.2.4　课堂练习——制作北京欢迎您

前面学习的都是单个层动画，下面来练习制作多个层的动画。

操作提示

1. 新建一个页面，创建 5 个【宽】、【高】都是 "50" 像素的层，在层内分别输入文字 "北"、"京"、"欢"、"迎"、"您"，如图 14-22 所示。

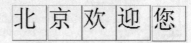

图14-22　创建 5 个大小相同的层

2. 依次将每个层都添加到时间轴上，如图 14-23 所示。

3. 单击 "Layer1" 层动画条上的第 2 个关键帧，然后在编辑窗口中将 "Layer1" 层拖动一段距离，如图 14-24 所示。

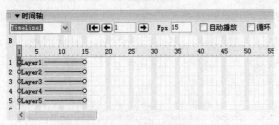

图14-23　将层添加到时间轴上

图14-24　设置终止关键帧的位置

4. 用同样的方法将其他 4 个层也拖动一段距离。

5. 在时间轴上单击选中第 2 个动画条，按住鼠标左键拖曳，使它的起始帧与第一个动画条的终止帧重合，如图 14-25 所示。

6. 依此类推，拖动其他 3 个动画条，如图 14-26 所示。

图14-25　移动动画条

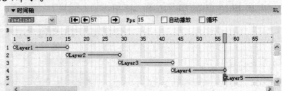

图14-26　移动其他 3 个动画条

7. 勾选【时间轴】面板中的【自动播放】复选框和【循环】复选框，保存文档，按 F12 键，观看效果如图 14-27 所示。

图14-27　预览效果

14.3 课后作业

1. 利用录制层路径方法，更改课堂练习 14.2.4 中 5 个层的文字移动路线，全部改成复杂的曲线。

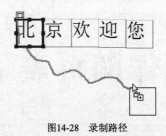

操作提示

前两步与 14.2.4 节的操作步骤一样，下面从第 3 步开始。

(1) 右键单击"Layer1"层，在快捷菜单中选择【记录路径】命令，拖动"Layer1"层移动一段曲线距离，如图 14-28 所示。

图14-28 录制路径

(2) 依次录制其他 4 个层的路径，为了变化多样，各个层的路径都不相同。

(3) 按 Ctrl+S 组合键保存后，按 F12 键预览文档效果。

2. 默认情况下，循环播放是不限制次数的，用户可以自己设置一下循环次数。

操作提示

(1) 展开【行为】面板后，单击"行为"通道中的"–"标志，如图 14-29 所示。

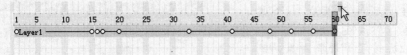

图14-29 单击"行为"通道中的"–"标志

(2) 然后在【行为】面板中双击行为"转到时间轴帧"，如图 14-30 所示。

(3) 在打开的【转到时间轴帧】对话框中设置循环次数为"10"，如图 14-31 所示，单击 确定 按钮退出即可。

图14-30 双击行为"转到时间轴帧"

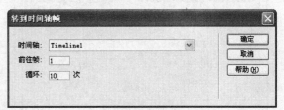

图14-31 【转到时间轴帧】对话框

第 **15** 讲

制作网页表单

- 在页面中先插入一个表单，然后在里面插入文本域、按钮等表单对象，制作一个简单的留言本。

- 将表单对象文本域、单选按钮组、列表、文件域、复选框插入到表单内，制作注册页面。

- 在页面中插入一个页面跳转对象，可以实现自动链接跳转，方便用户访问网站。

15.1 认识表单

表单是网页访问者与服务器之间信息交互的桥梁。使用表单，可以帮助 Internet 服务器从用户那里收集信息，并将访问者提交的信息送到服务器进行处理。表单通常用于用户登录、注册、留言和搜索等功能。

15.1.1 知识点讲解

表单是网页访问者与站点进行信息传递、互动交流的工具，它一般以窗体的形式存在于页面中。表单依靠具体的表单对象收集信息，表单对象包含多种类型，如文本框、文本区域、按钮、单选框、复选框、列表/菜单等，访问者可以在表单对象内输入或者选择信息，然后通过相应按钮将信息提交给网站，网站再对信息进行处理。

图15-1 展示了表单在留言簿页面中的一个应用实例，其中使用的表单对象有文本框、文本区域、列表/菜单、按钮等。

图15-1 表单在留言簿页面中的应用

15.1.2 范例解析——插入表单

下面来介绍在网页中插入表单的操作步骤。

范例操作

1. 新建一个 HTML 文档，将【常用】插入栏切换到【表单】插入栏，如图 15-2 所示。
2. 将鼠标光标置于要插入表单的地方，然后单击【表单】插入栏上的 □（表单）按钮，在编辑窗口中添加表单，如图 15-3 所示。

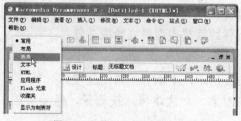

图15-2 切换到【表单】插入栏

图15-3 表单区域

3. 表单在编辑窗口中表现为红色的虚线框，此虚线框在浏览器中是不可见的，同时在标签选择器中生成了 "<form#form1>" 标签，其中后面的 "form1" 是当前选中的表单名称，表单的属性如图 15-4 所示。
4. 插入表单后就可以往表单中插入具体的表单对象了。

如果在操作中没有看到红色的轮廓线，请检查是否选择了【查看】/【可视化助理】/【不可见元素】命令。通过执行【插入】/【表单】/【表单】命令也可以插入表单。表单的代码为：<form id="form1" name="form1" method="post" action=""> </form>。表单不可以输入内容，若要输入内容需要进一步插入表单对象。

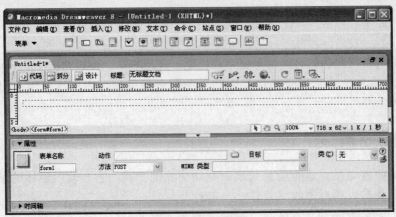

图15-4　表单的属性

【知识链接】

一、 表单属性

表单属性各项的意义如下。

- 【表单名称】：用于设置表单的名称，可用于程序的调用。
- 【动作】：可以输入一个 URL 地址，指向要处理表单数据的程序文件。
- 【方法】：用于设置表单数据的发送方式。

　　默认：使用浏览器的默认设置将表单数据发送到服务器。通常，"默认"方法为"GET"方法。

　　GET：将值附加到请求该页面的 URL 中。

　　POST：将在 HTTP 请求中嵌入表单数据。

　　不要使用"GET"方法发送长表单。URL 的长度限制在 8 192 个字符以内，如果发送的数据量太大，数据将被截断，从而导致意外的或失败的处理结果。在发送机密用户名和密码、信用卡号或其他机密信息时，不要使用"GET"方法，因为用"GET"方法传递信息不安全。

- 【目标】：用于设置在哪个目标位置打开新页面。
- 【MIME 类型】：用于设置表单数据采用什么样的编码类型提交给服务器。

二、 表单对象

【表单】插入栏列出了具体的表单对象，如图 15-5 所示，下面介绍常用选项。

- 表单：可在文档中插入表单。任何其他表单对象，如文本域、按钮等，都必须插入在表单之中，这样所有浏览器才能正确处理这些数据。

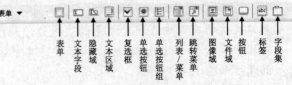

图15-5　【表单】插入栏中的各表单对象

- 文本域：可在表单中插入文本域。文本域可接受任何类型的文本内容。输入的文本可以显示为单行、多行或者显示为项目符号或星号（用于保护密码）。

- 复选框：可在表单中插入复选框。复选框允许在一组选项中选择多项，用户可以选择任意多个适用的选项。

- 单选按钮：可在表单中插入单选按钮。单选按钮代表互相排斥的选择。选择一组中的某个按钮，就会取消选择该组中的所有其他按钮。例如，用户可以选择"是"或"否"。

- 单选按钮组：可插入共享同一名称的单选按钮的集合。
- 列表/菜单：使用户可以在列表中创建用户选项。"列表"选项在滚动列表中显示选项值，并允许用户在列表中选择多个选项。"菜单"选项在弹出式菜单中显示选项值，而且只允许用户选择一个选项。
- 跳转菜单：插入可导航的列表或弹出式菜单。跳转菜单允许用户插入一种菜单，在这种菜单中的每个选项都链接到文档或文件。
- 图像域：使用户可以在表单中插入图像。可以使用图像域替换"提交"按钮，以生成图形化按钮。
- 文件域：可在文档中插入空白文本域和"浏览"按钮。文件域使用户可以浏览到其硬盘上的文件，并将这些文件作为表单数据上传。
- 按钮：可在表单中插入文本按钮。按钮在单击时执行任务，如提交或重置表单。可以为按钮添加自定义名称或标签，或者使用预定义的"提交"或"重置"标签之一。
- 标签：可在文档中给表单加上标签，以"<label>"、"</label>"形式开头和结尾。
- 字段集：可在文本中设置文本标签。

15.1.3 课堂练习——插入一个按钮

学习了表单和表单对象的相关内容后，尝试着在表单中插入一个表单对象——按钮。

操作提示

1. 新建一个 HTML 页面，然后单击【表单】插入栏上的 □（表单）按钮，插入一个表单。
2. 将鼠标光标置于表单域内，单击【表单】插入栏上的 □（按钮）按钮。
3. 这样就在表单中插入了一个按钮表单对象，按钮上默认的文本是"提交"，如图 15-6 所示。

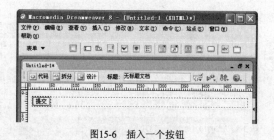

图15-6　插入一个按钮

15.2 应用表单

在网页中插入表单的主要目的是为了在表单中输入表单对象，利用表单对象收集信息，然后提交给服务器。

15.2.1 知识点讲解

对于网页中的表单，用户可以根据需要调整它的布局，例如可以使用换行符、段落标记、用格式化的文本或表来设置表单的格式。使用表格为表单对象和域标签提供结构是比较常用的一种调整表单布局的方法。当在表单中使用表格时，请确保所有的"<table>"标签都位于两个"<form>"标签之间。需要注意的是不能将一个表单插入到另一个表单中，即标签不能交叠，但是可以在一个页面中包含多个表单。

15.2.2 范例解析（一）——制作访客留言本页面

下面介绍利用表单制作访客留言本页面的制作步骤，最终效果如图 15-7 所示。

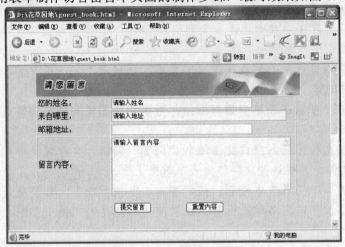

图15-7　访客留言本页面

范例操作

1. 打开"花草园地"站点内的"guest_book.html"文档，在图片下面的单元格中插入一个表单，如图 15-8 所示。

2. 将鼠标光标置于表单内，按 Enter 键，再将鼠标光标移到上面一行，然后执行【插入】/【表格】命令，表格参数设置如图 15-9 所示。

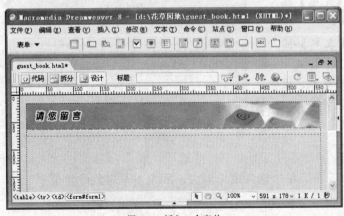

图15-8　插入一个表单

图15-9　插入表格

3. 将表格的左边一列选中，设置【高】为"25"像素，【宽】为"150"像素，并输入如图 15-10 所示的文本内容。

4. 移动鼠标光标到第 1 行的第 2 个单元格中，然后在【表单】插入栏中单击 □（文本字段）按钮，如图 15-11 所示，插入一个文本域。

5. 单击选中文本域，在【属性】面板中设置属性，如图 15-12 所示。

6. 用同样的方法在第 2 行第 2 个单元格中插入一个文本域，并设置参数如图 15-13 所示。

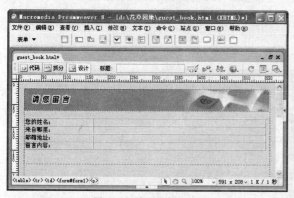

图15-10 输入文本内容

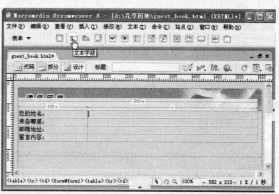

图15-11 插入姓名文本域

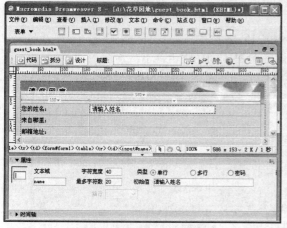

图15-12 设置姓名文本域属性

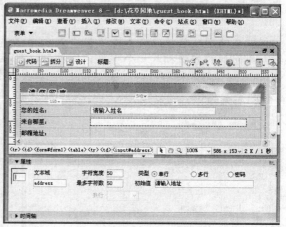

图15-13 设置地址文本域属性

7. 在第 3 行第 2 个单元格中插入一个文本域，设置属性如图 15-14 所示。
8. 将鼠标光标置于第 4 行第 2 个单元格中，然后在【表单】插入栏中单击 ▦ （文本区域）按钮，如图 15-15 所示，插入一个文本区域。

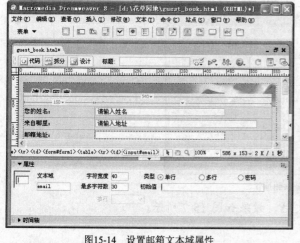

图15-14 设置邮箱文本域属性

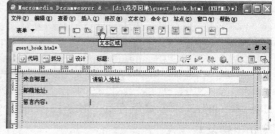

图15-15 插入留言内容文本区域

9. 设置文本区域的属性，如图 15-16 所示。
10. 将鼠标光标置于表单内的表格下面一行，单击【表单】插入栏上的 ▭ （按钮）按钮，如图 15-17 所示，插入一个提交按钮。

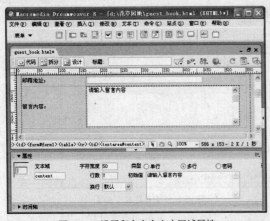

图15-16　设置留言内容文本区域属性　　　　图15-17　插入一个按钮

11. 选中按钮，在【属性】面板中设置其属性，如图 15-18 所示。

12. 用同样的方法插入一个重置内容按钮，属性设置如图 15-19 所示。

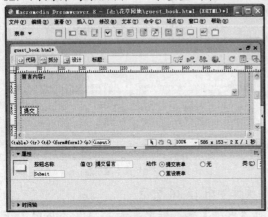

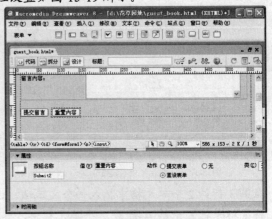

图15-18　设置提交按钮属性　　　　　　　图15-19　设置重置内容按钮属性

13. 将两个按钮选中，设为"居中对齐"，并在中间添加多个空格，如图 15-20 所示。

图15-20　调整按钮位置

14. 按 Ctrl+S 组合键保存后，按 F12 键预览文档，效果如图 15-7 所示。

【知识链接】

　　文本域和按钮是网页表单中最常用的表单对象之一，在文本域中可以输入任何类型的文本内容。根据文本域的行数和显示不同，可分为 3 种类型：单行文本域、多行文本域、密码文本域。密码文本域在页面中不显示具体的文本内容，而以"*"或者其他指定的符号代替，它的属性和单行文本域基本相同。本例中涉及的几个属性项的含义如下。

- **【文本域】**：用于为文本域指定一个名称，此名称必须是唯一的。
- **【字符宽度】**：用于设置在浏览器中显示的文本长度。
- **【最多字符数】**：用于指定文本域中最多可输入的字符数。超出了将发出警告声，不填则可输入任意数量的字符。
- **【类型】**：用于指定文本域的类型。
- **【初始值】**：用于指定载入表单时文本域中显示的文本内容，一般用来提示访问者，使他们知道输入的内容。例如，"请输入名字"请求名字信息。
- **【类】**：用于设置文本域的 CSS 样式。
- **【高度】**：用于为文本域设置高度，超出高度用滚动条显示。
- **【换行】**：用于选择输入内容时，文本域中换行方式。

  默认：用浏览器默认的方式换行。

  关：当输入的文本内容超过文本域宽度时不换行，自动出现水平滚动条，滚动显示。

  虚拟：当输入的内容超过文本域时自动换行，但发送的数据中没有换行符。

  实体：当输入的内容超过文本域时自动换行，但发送的数据中有换行符。

- **【按钮名称】**：用于指定按钮的名称。
- **【值】**：用于设置按钮上显示的文本内容，以表明该按钮的作用。如此处输入"提交留言"，则按钮上就显示"提交留言"。
- **【动作】**：用于设置单击按钮后发生的动作，有 3 个选项。

  提交表单：将表单数据提交到表单指定的位置。

  重设表单：将表单内的所有对象内容还原。

  无：不发生任何动作。

15.2.3 范例解析（二）——用户注册页面

下面来学习利用表单制作注册页面的操作步骤，最终效果如图 15-21 所示。

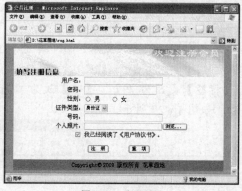

图15-21 注册页面

范例操作

1. 打开"花草园地"站点内的"reg.html"文档，在中间的单元格中插入一个表单，如图 15-22 所示。
2. 将鼠标光标置于表单内，按 Enter 键，插入一个 6 行 2 列的表格，将宽度设置为"100%"，如图 15-23 所示。

图15-22　插入表单　　　　　　　　　　　　　　　图15-23　插入一个表格

3. 设置表格的左边一列【宽】为 "200" 像素，【高】为 "25" 像素，然后输入文本，并设置其为 "右对齐"，在表格底部输入另外一行文本，并设置其为 "居中对齐"，如图 15-24 所示。

4. 在 "用户名" 后的单元格中插入一个文本域，属性设置如图 15-25 所示。

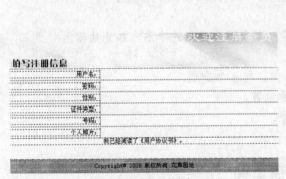

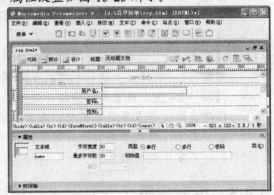

图15-24　输入文本内容　　　　　　　　　　　图15-25　插入用户名文本域

5. 在 "密码" 后面的单元格中插入一个文本域，属性设置如图 15-26 所示。

6. 将鼠标光标置于 "性别" 后面的单元格中，在【表单】插入栏中单击 📋（单选按钮组）按钮，打开【单选按钮组】对话框。

7. 单击【标签】列表下的第 1 行，单击 "单选" 文本，将 "单选" 更改为 "男"，然后再单击【值】列表下的第 1 行，将 "单选" 更改为 "male"。

8. 用同样的方法，将第 2 行【标签】更改为 "女"，【值】改为 "female"，在底部点选【换行符（
）标签】单选按钮，如图 15-27 所示。

图15-26　插入密码文本域　　　　　　　　　　图15-27　【单选按钮组】对话框

要点提示 此处正好是两个单选按钮，只需要更改一下【标签】和【值】就可以了。若要添加其他更多的单选按钮，可先单击 ➕ 按钮，将在下面的列表中自动添加一行，更改相应的【标签】和【值】即可。单击选中一行后，单击 ➖ 按钮，可删除一个单选项。

9. 单击 ___确定___ 按钮，在页面中插入一个单选按钮组。调整一下排列，将两个单选按钮调在一行显示，单击其中一个单选按钮查看属性，如图 15-28 所示。

在【单选按钮】属性面板中，一些选项含义如下。

- 【单选按钮】：定义单选按钮组的名称，一组中的单选按钮具有相同的名字。
- 【选定值】：该项被选中时，提交给服务器的值。
- 【初始状态】：设置该按钮在初始状态时是否被选中，一组中只能有一个初始状态设为选中。

10. 将鼠标光标置于"证件类型"后面的单元格中，在【表单】插入栏中单击 （列表/菜单）按钮，在页面中插入一个列表/菜单，如图 15-29 所示。

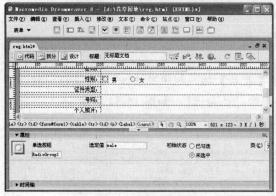

图15-28 查看选项按钮属性

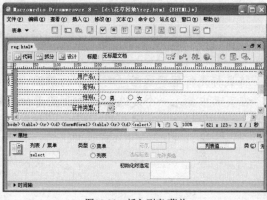

图15-29 插入列表/菜单

在【列表/菜单】属性面板中，一些选项含义如下。

- 【列表/菜单】：用于指定列表或者菜单的名称。
- 【类型】：设定当前对象是菜单还是列表。
- 【高度】：设置列表的高度。
- 【初始化时选定】：设定首次载入表单时选中哪些选项。
- ___列表值...___：设定列表/菜单的项目和项目值。

11. 在列表/菜单的【属性】面板中单击 ___列表值...___ 按钮，打开【列表值】对话框，单击 ➕ 按钮，添加项目标签，在【值】列下单击鼠标左键并输入数值，继续添加其他项目标签和值，如图 15-30 所示。

12. 单击 ___确定___ 按钮，返回编辑窗口，选中"身份证"作为初始化值，如图 15-31 所示。

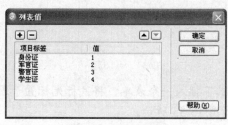

图15-30 添加列表值

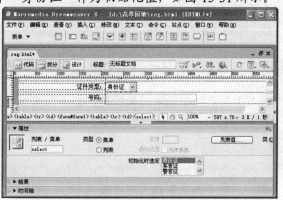

图15-31 设置初始化值

13. 在"号码"后面的单元格中插入一个文本域，属性设置如图 15-32 所示。

图15-32　号码文本域的设置

14. 将鼠标光标置于"个人照片"后面的单元格中，在【表单】插入栏中单击 📄（文件域）按钮，在页面中插入一个文件域，并设置其属性，如图 15-33 所示。

在【文件域名称】属性面板中，一些选项含义如下。
- 【文件域名称】：用于指定文件域的名称。
- 【字符宽度】：用于设定文件域在浏览器中显示的长度。
- 【最多字符】：用于设定文件域中最多能输入的字符数。
- 【类】：应用 CSS 样式。

15. 将鼠标光标置于最后一行文字的前面，然后在【表单】插入栏中单击 ☑（复选框）按钮，在页面中插入一个复选框，并设置【初始状态】为"已勾选"，如图 15-34 所示。

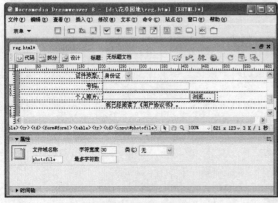

图15-33　插入文件域　　　　　　　　　　图15-34　插入复选框

- 【复选框名称】：用于指定复选框的名称。
- 【选定值】：用于设置选中此项时提交给服务器的值。
- 【初始状态】：用于设置复选框的初始状态是否选中。

16. 最后在表单的底部添加两个按钮，一个是用于提交表单的"注册"按钮，一个是用于重设表单的"重填"按钮。

17. 按 Ctrl+S 组合键保存，按 F12 键预览文档，效果如图 15-21 所示。

15.2.4　课堂练习——设置页面跳转

参考上面范例中表单对象的使用，下面来练习跳转菜单的使用。

🔒 操作提示

1. 打开"花草园地"站点内的"map.html"文档，在文本下插入一个表单，将鼠标光标置于表单内，在【表单】插入栏中单击 ↗（跳转）按钮，如图 15-35 所示。

2. 打开【插入跳转菜单】对话框，在【文本】文本框中输入"网站首页"，在【选择时，转到 URL】文本框中输入主页地址"index.html"，如图 15-36 所示。

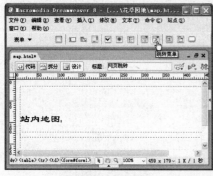

图15-35　插入跳转菜单

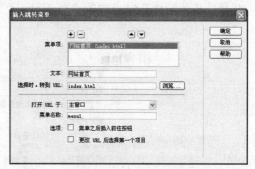

图15-36　添加网站首页菜单项

3.　单击 ➕ 按钮，继续添加一个菜单项，然后在【文本】文本框中输入项目名，在【选择时，转到 URL】文本框中输入链接地址，如图 15-37 所示。

4.　按 Ctrl+S 组合键保存，按 F12 键预览文档，效果如图 15-38 所示。

图15-37　添加菜单项

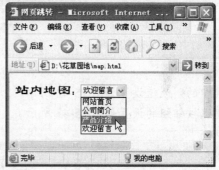

图15-38　预览效果

15.3　课后作业

1.　新建一个文档，保存为"guest_book_a.html"，制作一个留言页面，如图 15-39 所示。

操作提示

(1)　在表单中插入一个 5 行 4 列表格，设置边框粗细为"1"像素，将后 3 行的后 3 个单元格各自合并。

(2)　插入对应的文本域，性别列表设置如图 15-40 所示，其余操作参考范例。

图15-39　留言页面

图15-40　性别列表

2.　打开"花草园地"站点内的"reg1.html"文档，将它制作成如图 15-41 所示的注册页面。

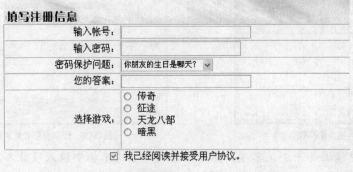

图15-41　注册页面

操作提示

(1)　其中的列表值设置如图 15-42 所示。

(2)　单选按钮组的设置如图 15-43 所示。

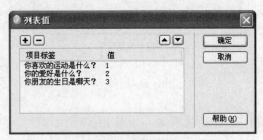

图15-42　设置列表值

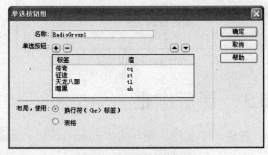

图15-43　设置单选按钮组

(3)　其余设置参考范例。

第 16 讲

制作动态网页

【学习目标】

- 通过 ASP 可以制作信息实时更新的动态网页，但是动态网页需要 IIS 的支持才能预览查看。

- 通过在页面中嵌入 JavaScript 脚本，可以使得页面能够互动，并且产生特效。

- 利用 ASP 制作一个简单的留言本，一个页面用来收集信息，另一个页面用来显示信息。

16.1　动态网页

所谓动态网页，就是指该网页文件不仅具有 HTML 标记，而且含有程序代码，有的与数据库链接，并且能根据不同的时间、不同的来访者显示不同的内容。动态网站更新方便，一般在后台直接更新。动态网页一般使用语言 HTML+ASP、HTML+PHP 或 HTML+JSP 制作，常以".asp"、".jsp"、".php"、".perl"、".cgi"等形式为后缀。

所谓静态网页就是指网页文件中不含有程序代码（JavaScript 特效除外），只有 HTML 代码，一般网页 URL 的后缀是".htm"、".html"、"shtm"、"xml"等常见形式。

这里说的动态网页，与网页上的各种动画、滚动字幕等视觉上的"动态效果"没有直接关系，动态网页也可以是纯文字内容，也可以是包含各种动画的内容，这些只是网页具体内容的表现形式。无论网页是否具有动态效果，采用动态网站技术生成的网页都称为动态网页。

16.2　嵌入 JavaScript 脚本语言

JavaScript 是一种功能强大的脚本编程语言，用于开发交互式的 Web 页面。它可以直接应用于 HTML 文档以获得交互式效果或其他动态效果，Dreamweaver 8 中相当多的动态特性都是借助于 JavaScript 实现的。

16.2.1　知识点讲解

JavaScript 是一种基于对象（object）和事件驱动（Event Driven）并具有安全性能的脚本语言，有了 JavaScript，可使网页变得生动有趣。

一、JavaScript 的优点

(1) 简单性：JavaScript 是一种脚本编写语言，它采用小程序段的方式实现编程。像其他脚本语言一样，JavaScript 同样也是一种解释性语言，它提供了一个简易的开发过程。它是在程序运行过程中被逐行地解释。它与 HTML 标识结合在一起，方便用户的使用和操作。

(2) 动态性：JavaScript 是动态的，它可以直接对用户或客户输入做出响应，无须经过 Web 服务程序。它对用户的反应响应，是采用以事件驱动的方式进行的。所谓事件驱动，就是前面章节学习的行为的事件和动作。

(3) 跨平台性：JavaScript 是依赖于浏览器本身，与操作环境无关，只要能运行浏览器的计算机，并支持 JavaScript 的浏览器就可以正确执行。

(4) 节省 CGI（Common Gateway Interface，通用网关接口）的交互时间。JavaScript 是一种基于客户端浏览器的语言，用户在浏览中填表、验证的交互过程只是通过浏览器对调入 HTML 文档中的 JavaScript 源代码进行解释执行来完成的，即使是必须调用 CGI 的部分，浏览器只将用户输入验证后的信息提交给远程的服务器，大大减少了服务器的开销。

二、JavaScript 的使用

JavaScript 脚本语言是由控制语句、函数、对象、方法、属性等构成的，限于篇幅，此处不再详述，读者可以参考相关的 JavaScript 书籍。

JavaScript 在网页中使用主要有两种方法：一是直接嵌入到 HTML 文档，二是引用到 HTML 文档。

(1) 直接嵌入到 HTML 文档

这是最常用的方法，大部分含有 JavaScript 的网页都采用这种方法，嵌入方式如下：

```
<script language="JavaScript">
<!--
document.write("欢迎使用 JavaScript！");
//-->
</script>
```

"<script>…</script>"中间部分就是 JavaScript 程序的构成部分。而"<script language="JavaScript">"用来告诉浏览器这是用 JavaScript 编写的程序，需要调动相应的解释程序进行解释。

"<!--…-->"：用来去掉浏览器所不能识别的 JavaScript 源代码的，这对不支持 JavaScript 语言的浏览器来说是很有用的。

"//"：表示 JavaScript 的注释部分，即从"//"开始到行尾的字符都被忽略。至于程序中所用到的"document.write（）"函数则表示将括号中的文字输出到窗口中去。另外一点需要注意的是，"<script>…</script>"的位置并不是固定的，可以包含在"<head>…</head>"或"<body>…</body>"中的任何地方。

(2) 引用到 HTML 文档

如果已经存在一个 JavaScript 源文件（以".js"为扩展名），则可以采用引用的方式，以提高程序代码的利用率。其基本格式如下：

```
<script src＝URL language="JavaScript"></script>
```

其中，"URL"是 JavaScript 程序文件的地址。同样，这样的语句可以放在 HTML 文档"<head>…</head>"或"<body>…</body>"的任何部分。

如果要实现上面方法中所举例子的效果，可以首先创建一个 JavaScript 源代码文件"Script.js"，其内容如下：

```
document.write("欢迎使用 JavaScript！");
```

在网页中可以这样调用程序：

```
<script src＝"Script.js" language="JavaScript"></script>
```

16.2.2 范例解析——课堂测验

利用 JavaScript 脚本语言和单选按钮组创建一个课堂测验的试题。

范例操作

1. 新建一个 HTML 文档，在【属性】面板单击 页面属性 按钮，设置页面属性如图 16-1 所示，将文档命名为"test.html"保存到个人站点。
2. 将下面的 JavaScript 代码段嵌入到"<head>…</head>"之间，如图 16-2 所示。
3. 将如图 16-3 所示代码段嵌入到"<body>…</body>"之间。

图16-1 设置页面属性

```
<table width="75%" border="0" align="center">
  <tr>
    <td>
      <form name="test" method="post" enctype="text/plain" onreset="clearquiz(this.form)" onsubmit="msg()">
        选择题:
        <br>
        <hr>
        1. 表格的标签是: _____
        <ol>
          <input type="radio" name="kaoti1" value="table" onClick=kaoti1.value="ok">
          table<br>
          <input type="radio" name="kaoti1" value="td" onClick=kaoti1.value="no">
          td<br>
          <input type="radio" name="kaoti1" value="body" onClick=kaoti1.value="no">
          body<br>
        </ol>
        2. 按照路径不同, 超链接分为几种类型_____。
        <ol>
          <input type="radio" name="kaoti2" value="2种" onClick=kaoti2.value="no">
          2种<br>
          <input type="radio" name="kaoti2" value="3种" onClick=kaoti2.value="ok">
          3种<br>
          <input type="radio" name="kaoti2" value="4种" onClick=kaoti2.value="no">
          4种<br>
        </ol>
        3. 下面哪一个不是不是Dreamweaver8 的CSS样式类型: _____
        <ol>
          <input type="radio" name="kaoti3" value="类" onClick=kaoti3.value="no">
          类<br>
          <input type="radio" name="kaoti3" value="标签" onClick=kaoti3.value="no">
          标签<br>
          <input type="radio" name="kaoti3" value="高级" onClick=kaoti3.value="no">
          高级<br>
          <input type="radio" name="kaoti3" value="伪类" onClick=kaoti3.value="ok">
          伪类<br>
        </ol>
        <hr>
        <div align="center">
          <input type="button" name="submit" value="查看成绩" onClick=scorequiz(this.form) class="ceyan">
          <input type="reset" name="reset" value="重新测试" onClick=clearquiz(this.form) class="ceyan">
          <br>
          <br>
          考试分数:
          <input name="SCORE" type="text" class="ceyan">
        </div>
      </form>
    </td>
  </tr>
</table>
```

图16-3　中间<body>区的标签代码

```
<SCRIPT LANGUAGE="JavaScript">
<!--
function scorequiz(form) {
  score=0
  if(form.kaoti1.value!=null && form.kaoti1.value=="ok")  {score=score+1}
  if(form.kaoti2.value!=null && form.kaoti2.value=="ok")  {score=score+1}
  if(form.kaoti3.value!=null && form.kaoti3.value=="ok")  {score=score+1}
  form.SCORE.value =eval(score)
}
function clearquiz(form) {
  score=0
  form.kaoti1.value=""
  form.kaoti2.value=""
  form.kaoti3.value=""
  form.SCORE.value =eval(score)
}
// -->
</SCRIPT>
```

图16-2　JavaScript 代码段

 以上两段代码分别保存在个人站点的 "script.txt" 和 "form.txt" 记事本文档中。

4. 按 Ctrl+S 组合键保存后, 按 F12 键预览文档, 效果如图 16-4 所示。

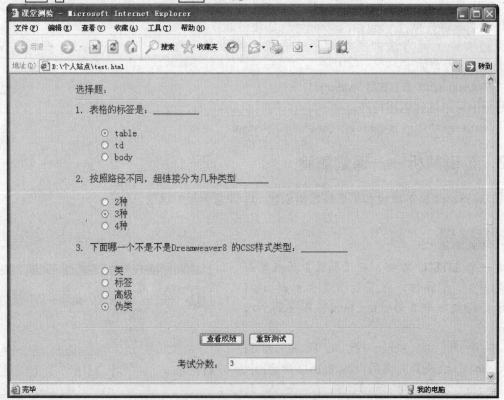

图16-4　课堂测验

16.2.3　课堂练习——关闭页面

在页面中添加一条含有简单的 JavaScript 语言的超级链接，就可以直接关闭当前页面。

操作提示

1. 新建一个页面，切换到代码编辑窗口。
2. 添加代码：<a　href=javascript:self.close()>点这里关闭窗口</a>。
3. 保存后，按 F12 键预览效果。

16.3　嵌入 ASP 语言

利用纯 HTML 编写的页面是静态的，数据的更新完全需要人工手动来完成。用户可以利用 ASP 语言创建动态的页面。

16.3.1　知识点讲解

ASP（Active Server Page，动态服务器主页）是 Microsoft 开发的代替 CGI 脚本程序的一种应用，它可以与数据库和其他程序进行交互，是一种简单、方便的编程工具。ASP 的网页文件的格式是 ".asp"，现在常用于各种动态网站中。

ASP 是一种服务器端脚本编写环境，可以用来创建和运行动态网页或 Web 应用程序。ASP 网页可以包含 HTML 标记、普通文本、脚本命令以及 COM 组件等。利用 ASP 可以向网页中添加交互式内容（如在线表单），也可以创建使用 HTML 网页作为用户界面的 Web 应用程序。

一、特点

与 HTML 相比，ASP 网页具有以下特点。

(1)　利用 ASP 可以突破静态网页的一些功能限制，实现动态网页技术。

(2)　ASP 文件是包含在 HTML 代码所组成的文件中的，易于修改和测试。

(3)　服务器上的 ASP 解释程序会在服务器端制定 ASP 程序，并将结果以 HTML 格式传送到客户端浏览器上，因此使用各种浏览器都可以正常浏览 ASP 所产生的网页。

(4)　ASP 提供了一些内置对象，使用这些对象可以使服务器端脚本功能更强。

(5)　ASP 可以使用服务器端 ActiveX 组件来执行各种各样的任务，例如存取数据、发送 Email 或访问文件系统等。

(6)　由于服务器是将 ASP 程序执行的结果以 HTML 格式传回客户端浏览器，因此使用者不会看到 ASP 所编写的原始程序代码，可防止 ASP 程序代码被窃取。

二、ASP 对象

ASP 是面向对象（Object_Orient）的，它提供 5 个内置的"对象"（object），用户可以直接调用。

- Request：取得用户信息。
- Response：传送信息给用户。
- Server：提供访问服务器的方法（methods）和属性（properties）的功能。
- Application：一个应用程序，可以在多个主页之间保留和使用一些共同的信息。

- Session: 一个用户，可以在多个主页之间保留和使用一些共同的信息。

三、语法

利用 ASP 可制作以 ".asp" 为扩展名的文件，一个 ".asp" 文件是一个文本文件，它一般包括 HTML 标记（tags）、VBScript 或 Jscript 语言的程序代码、ASP 语法 3 种内容。

ASP 本身并不是一个 script 语言，而是提供一个可以集成 script 语言（VBScript 或 Jscript）到 HTML 主页的环境。

所有的 ASP 语句都必须包含在 "<%....%>" 中间，而 HTML 标签（tags）使用 "<...>" 将 HTML 标签内容包含起来，以与常规的文本区分开来。

例如，要在页面显示现在的时间，则可在页面中添加代码 "<%=now%>"。

再如，用户要传送字符串到用户端的浏览器，可以使用 Response.write 方法，它的语法为

　　<%　Response.write "欢迎光临"　%>

四、数据的处理

首先在数据采集页中使用表单标签 "<form>...</form>" 收集数据，然后单击 "submit" 按钮后，将数据使用 post 或者 get 方法传送到 action 处理数据的服务器程序 URL 地址。在此 URL 中利用 request 对象接收数据，然后将数据写入到数据库中，再返回一些反馈信息。用户也可以将数据库中的数据读出来，显示到页面中去。

所有的 ".asp" 文件都不可以直接预览，要预览观看效果，必须借助 IIS（Internet Information Server）服务器，经过发布后才能预览到效果。

16.3.2　范例解析（一）——架设 IIS 服务器

在 Windows XP Professional 操作系统中，默认情况下 IIS 是不安装的，用户可以根据需要进行安装，具体操作方法如下。

范例操作

1. 在 Windows 窗口中，执行【开始】/【控制面板】/【添加或删除程序】命令，打开【添加或删除程序】窗口，如图 16-5 所示。
2. 从窗口左侧的按钮面板中选择【添加/删除 Windows 组件】按钮，打开【Windows 组件向导】对话框，如图 16-6 所示。

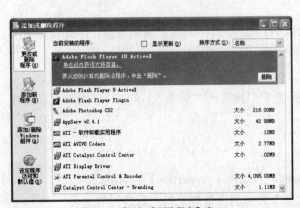

图16-5　【添加或删除程序】窗口

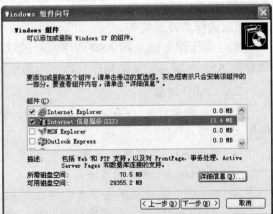

图16-6　选择组件

3. 从【组件】列表框中选中【Internet 信息服务（IIS）】选项，单击 下一步(N) > 按钮，出现一个
   配置组件的窗口，显示组件的安装进度，如图 16-7 左图所示；稍后还会出现要求 Windows
   XP Professional 安装光盘的窗口，如图 16-7 右图所示。

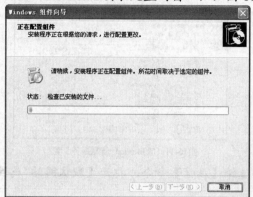 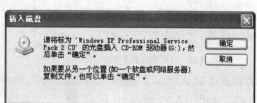

图16-7 安装进度和信息提示窗口

4. 将安装光盘放入光驱，然后单击 确定 按钮，则组件的安装就会顺利完成。
5. 在 Windows 窗口执行【开始】/【所有程序】/【管理工具】/【Internet 信息服务】命令，会
   出现【Internet 信息服务】窗口，如图 16-8 所示，这就是 IIS 的管理平台。可以看到，当前
   的 IIS 版本是 V5.1。
6. 在浏览器中输入 "http://localhost" 后，按 Enter 键，在浏览器中打开如图 16-9 所示的页
   面，表示安装 IIS 组件成功。

 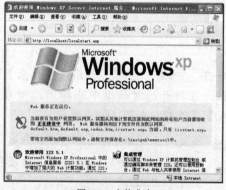

图16-8 【Internet 信息服务】窗口   图16-9 安装成功

【知识链接】

安装 IIS 以后，就可以将计算机虚拟成服务器，此时可以使用 Dreamweaver 8 配置支持 ASP
的网站了。IIS 默认的 WWW 根目录在系统盘的 "\Inetpub\wwwroot" 文件夹内，此文件夹内的
所有文件都可以通过浏览器访问到。

16.3.3 范例解析（二）——配置 ASP 站点

IIS 服务器安装完成后，需要进一步的配置才能浏览相关内容。

 范例操作

1. 在 Windows 窗口中，执行【开始】/【控制面板】命令，打开【控制面板】窗口，双击【管

理工具】图标打开【管理工具】窗口，如图 16-10 所示。

2. 双击【Internet 信息服务】图标，打开【Internet 信息服务】窗口，展开网站信息列表，如图 16-11 所示。

图16-10 【管理工具】窗口

图16-11 【Internet 信息服务】窗口

3. 右键单击【默认网站】选项，在弹出的菜单中选择【属性】命令，打开【默认网站 属性】对话框，如图 16-12 所示。

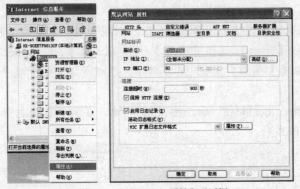

图16-12 【默认网站 属性】对话框

4. 单击 主目录 图标，展开【主目录】选项卡，单击【本地路径】文本框后面的 浏览(0)... 按钮，在打开的对话框中选择网站所在文件夹，然后勾选【脚本资源访问】复选框和【写入】复选框，如图 16-13 所示。

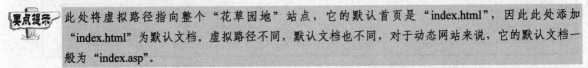

此处将虚拟路径指向整个"花草园地"站点，它的默认首页是"index.html"，因此此处添加"index.html"为默认文档。虚拟路径不同，默认文档也不同，对于动态网站来说，它的默认文档一般为"index.asp"。

5. 切换到【文档】选项卡，单击 添加(D)... 图标，在打开的【添加默认文档】对话框中输入"index.html"后单击 确定 按钮，如图 16-14 所示。

图16-13 设置主目录

图16-14 添加默认文档

6. 选中刚添加的 "index.html" 文档后单击 ⬆ 按钮，将该文档移到顶端，如图 16-15 所示，然后单击 ⬜确定⬜ 按钮。

7. 此时弹出两个信息提示对话框，直接单击 ⬜确定⬜ 按钮即可，如图 16-16 所示。

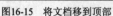

图16-15　将文档移到顶部

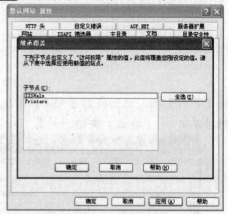

图16-16　信息提示窗口

8. 配置完成，在窗口的右侧显示该目录下的文件和文件信息。

16.3.4　范例解析（三）——留言本

下面来学习制作简单的 ASP 页面，并且将制作好的 ASP 页面在浏览器中浏览。

范例操作

1. 打开 "guest_book.html"，在表单的【属性】面板中，将表单的【动作】设置为 "save.asp"，然后保存，如图 16-17 所示。

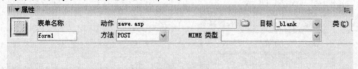

图16-17　添加动作对象

2. 在 Dreamweaver 8 窗口中执行【文件】/【新建】/【动态页】/【ASP VBScript】命令，新建一个 ASP 的动态页，如图 16-18 所示，将新建的动态页保存为 "save.asp"。

3. 在页面中插入一个参数设置如图 16-19 所示的表格。

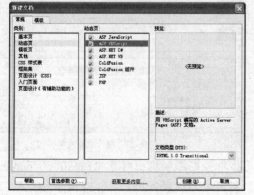

图16-18　创建动态页

图16-19　插入表格

4. 将表格居中对齐，将左边一列宽度设置为"145"像素，将第1行合并，然后输入如图 16-20 所示的文本内容。

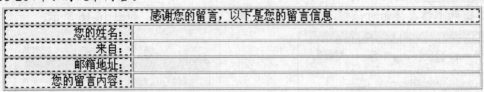

图16-20 输入文本内容

5. 将【常用】插入栏切换到【ASP】插入栏，将鼠标光标定位到"您的姓名"后的单元格中，然后单击 <%= （输出）按钮，如图 16-21 所示。

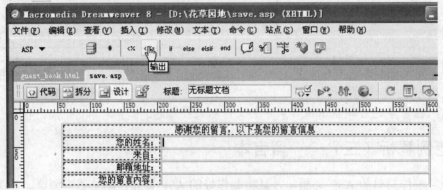

图16-21 添加输出内容

6. 此时编辑区自动打开代码和设计的混合视图模式，在鼠标光标闪动的地方输入"name"，如图 16-22 所示。

7. 将鼠标光标置于"来自"后面的单元格中，再次单击 <%= 按钮，然后在代码中的鼠标光标位置输入"address"，如图 16-23 所示。

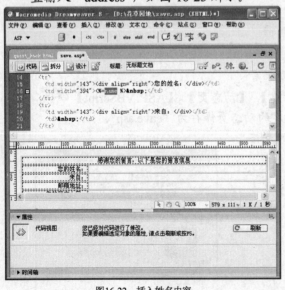

图16-22 插入姓名内容

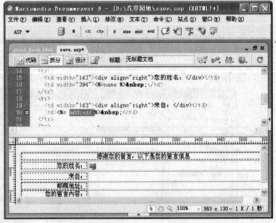

图16-23 插入地址内容

8. 用同样的方法，在邮箱和留言内容后面的单元格中分别添加输出对象"Email"、"content"。

9. 在代码视图中，将鼠标光标定位在"<body>"标签之后，插入如图 16-24 所示的代码。

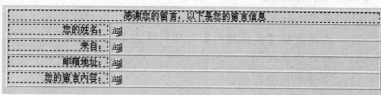

10. 编辑完毕，保存页面，完成了信息显示页面的制作。在编辑窗口中有图标，如图
    16-25 所示。

```
<%
dim  name ,address,email,content
name=request("name")
address=request("address")
email=request("email")
content=request("content")
%>
```

图16-24 插入代码

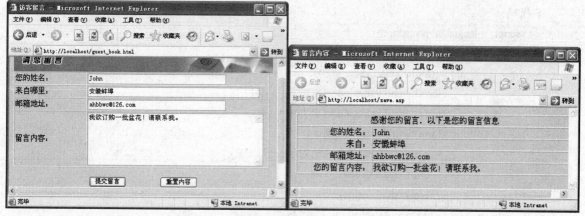

图16-25 编辑完成后的编辑窗口

11. 打开浏览器，在地址栏输入"http://localhost/guest_book.html"，按 Enter 键后，打开留言本
    的留言界面，输入信息后按 提交留言 按钮，然后就会在"save.asp"页面显示刚才提交的信
    息，如图 16-26 所示。

图16-26 提交信息后并显示

要点提示 本留言本的制作过程很简单，首先在"guest_book.html"页面利用表单收集信息，通过 post 方法将数据提交给"save.asp"。"save.asp"用 request 对象接收具体的信息，分别赋值给变量"name"、"address"、"email"、"content"，然后再将这些变量内容显示出来。此处的留言本未涉及数据库，它只是将用户提交的信息反馈回来，有关数据库的内容将在后面章节介绍。

16.3.5 课堂练习——显示时间

本节通过制作一个显示时间的页面，来练习简单的 ASP 语言的使用方法。

操作提示

1. 新建一个 ASP 动态页面，命名为"Stime.asp"后保存到"花草园地"站点内。
2. 在页面的代码的"<body>"标签中间添加如下代码：
    ```
    <% Response.write "现在时间是："&now()  %>
    ```
3. 保存后，在浏览器中输入"http://localhost/Stime.asp"，按 Enter 键后，查看效果。

16.4 课后作业

1. 参考范例的操作，在自己的计算机上，尝试安装 IIS 服务器。

操作提示

(1) 若您的计算机是 Windows XP 系统，先右键单击"我的电脑"图标，选择【属性】命令，在弹出的【系统属性】对话框中查看一下系统版本，非 Professional 版本的系统，安装 IIS 可能会出错。

(2) 参考范例安装 IIS。

2. 在页面通过添加一段 JavaScript 代码，来判断用户输入的 Email 地址是否合法。

操作提示

(1) 打开"guestbook.html"文档，切换到代码窗口，在"<head>…</head>"标签中间添加如下代码：

```
<script    language=javascript>
function    checkemail()
{        if    ((form1.email.value=="")||
                (form1.email.value.indexOf('@',0)==-1)||
                (form1.email.value.indexOf('.',0)==-1)||
                (form1.email.value.length<6))
            {    alert    ("请你输入合法的 email 地址!");
                form1.email.select();
                form1.email.focus();
                return    false;        }    }
</script>
```

(2) 单击邮箱地址文本域后，切换到代码窗口，在邮箱地址标签中的属性中添加一个检查函数"onblur="chechemail()""，完整的属性如下：

```
<input name="email" type="text" id="email" size="40" maxlength="30" onblur="checkemail()"/>
```

(3) 保存后预览，在邮箱地址文本域胡乱输入后，看有什么效果。

第 17 讲

使用 Dreamweaver 扩展

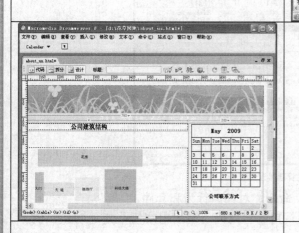

- 通过 Marquee 插件可以制作出滚动字幕效果，使得字幕在页面中滚动出现，滚动速度可快可慢。

- 利用 Calendar 插件可以很容易地在页面中插入一个日历，可用于制作博客、日志导航。

- 使用 Flash Image 插件，可以在不安装 Flash 的情况下，使图片具有 Flash 的显示效果。

17.1　下载安装扩展

　　网页设计者总是想把自己的网页制作得更漂亮、更有动感，具有鲜明的特色，以便在众多的网站中脱颖而出，吸引浏览者的注意力。然而各种特效往往是复杂编程技术运用的结果，对于初学者来说，让他们专门学习这些新技术，往往是不现实的。插件的出现，解决了设计者的后顾之忧，它极大地丰富了网页制作的内容。

17.1.1　知识点讲解

　　Dreamweaver 8 插件，也称为扩展，是用来扩展和补充 Dreamweaver 8 功能的。用户通过集成的插件在网页上实现许多原本非常复杂的技术，从而避免了大量源代码的编写和调试工作，只需简单地进行一些设置，就可以设计出高水平的网页。

　　要使用插件首先要安装由 Macromedia 公司提供的扩展管理器，它一般随 Dreamweaver 8 程序一起安装。

> **要点提示**　若计算机上没有安装插件管理器，可以到官方网站（http://www.adobe.com/cfusion/exchange/）下载，其中提供了上千个扩展供用户使用；也可以打开素材文件"个人站点"内的"插件"文件夹，里面有一个扩展管理器的安装包，双击包内文件即可安装。

　　启动扩展管理器后，查看各部分的组成和功能如图 17-1 所示。

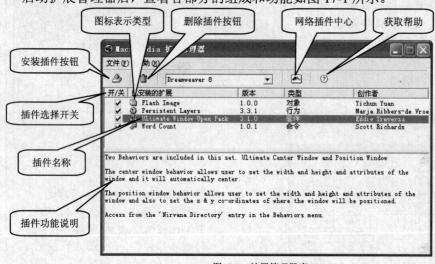

图17-1　扩展管理器窗口

　　Dreamweaver 8 中的插件主要有 4 种类型：命令、对象、行为和套件。

- 命令类型：可以添加到命令菜单中去，用于在对网页编辑时实现一定的功能，例如设置表格的样式。
- 对象类型：可以添加到插入栏中，用于在网页中插入元素对象，如插入 RM 播放器。
- 行为类型：可以添加到行为面板、【属性】面板，主要用于在网页上实现动态的交互功能，如弹出窗口。
- 套件类型：可以添加到命令或插入菜单下，针对某一网页对象的一组插件的组合。

17.1.2 范例解析——安装插件

在 Dreamweaver 8 中要先安装相应的插件，然后才可以使用该插件所提供的相应功能。

1. 打开存放插件的目录，双击要安装的插件"Calendar.mxp"，如图 17-2 所示。
2. 弹出一个协议对话框，单击 接受(A) 按钮接受安装协议，继续安装，如图 17-3 所示。

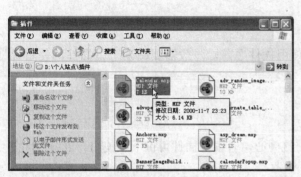

图17-2 双击插件

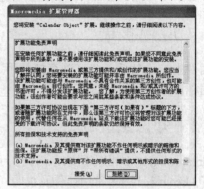

图17-3 接受协议

3. 安装成功，弹出如图 17-4 所示的信息提示对话框，单击 确定 按钮，关闭对话框。
4. 安装时，系统自动打开扩展管理器，并将安装好的插件添加到管理列表中去，如图 17-5 所示。
5. 安装成功后，重新启动 Dreamweaver 8，可以通过相应的命令来调用它们。如本例的"Calendar.mxp"插件已添加在插入栏中，如图 17-6 所示。

图17-4 安装成功

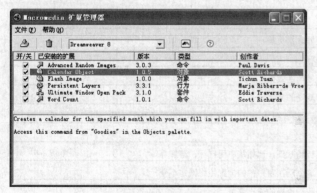

图17-5 扩展管理器

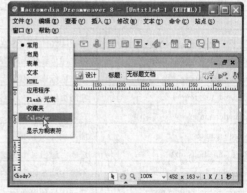

图17-6 调用插件

【知识链接】

MXP（Macromedia Extension Package）文件是用来封装插件的包，可以简单地把它看成是一个压缩文件，除了封装扩展文件以外，还可以将插件相关文档和一系列演示文件都装到里面。而插件管理器（Extension Manager）就是用来解压插件包的软件，它根据 MXP 里的信息自动选择安装到相应的软件和目录中，这是因为插件在封装时已经提供了这些相应的信息，如插件的说明、安装目的地、作者的相关信息等。

N

17.1.3　课堂练习——禁用扩展

如果某一扩展不想再使用了，可以将其禁止掉。

操作提示

1.　启动扩展管理器，在扩展列表中选中该项，然后取消其前面的勾选。
2.　弹出禁用信息提示框，单击 确定 按钮即可完成操作。

17.2　应用扩展

插件安装成功后，就可以直接使用了。在使用插件之前，一般需要阅读一下插件的使用说明，这样可以方便使用。

17.2.1　知识点讲解

Dreamweaver 8 官方网站专门提供了插件交流中心，有很多插件可供下载使用。表 17-1 中列举了 Dreamweaver 8 常用插件及说明，供读者参考。

表 17-1　　　　　　　　　　　　　　Dreamweaver 8 常用插件及说明

插件名称	插件说明
Anchors.mxp	建立扩展的命令锚点
asp_dream.mxp	在输入 ASP 代码中提供大量提示信息，可提高编程效率
BannerImageBuilder.mxp	创建多图片随机显示效果
Calendar.mxp	为指定月份建立日历
checkform.mxp	表单验证插件
ChinaDW.mxp	我国省市自治区的下拉框
ClosePopupWindow.mxp	制作关闭弹出的窗口
coolborder.mxp	用该插件插入的表格边框非常美观
disable_view_source.mxp	可使网页源代码无法查看
FlashImage.mxp	响应鼠标事件的图片渐显渐隐效果
gradient_text.mxp	在网页里生成一段色彩渐变的文字
ie_favicon.mxp	只需要一个漂亮的".ico"格式图片，可以设置地址栏 IE 图标与众不同
Marquee.mxp	插入滚动文字效果
PageTransitions.mxp	进入、退出页面的过渡转场效果，比如从中间打开、溶解等
persistent_layers.mxp	不管滚动条如何拉动，这个层在窗口中的位置始终固定不变
popup_menu_builder.mxp	帮助用户轻松创建一个跨浏览器的弹出菜单
preloaddisplay.mxp	如果网站下载的速度比较慢，使用该插件可以预先加载页面
SliderMenu.mxp	设计导航菜单的绝佳助手，可以用于导航菜单的设计，特别是在导航项很多的场合
StyleApplier.mxp	设置鼠标触发表格的效果
TableLines.mxp	可使文字各行间都有横线分离
typewriter.mxp	可使一段文字以打字机的效果出现
WordCount.mxp	用于统计字数

17.2.2 范例解析（一）——滚动的字幕

利用 Marquee 插件，可以设置文字在页面滚动，可以吸引页面浏览者的注意力，还可以增加页面的动感效果。

范例操作

1. 双击 "Marquee.mxp" 文件，将 Marquee 插件安装到 Dreamweaver 8 中。
2. 重新启动 Dreamweaver 8，打开 "花草园地" 站点内的 "index_m.html" 文档。
3. 将鼠标光标置于左侧公告栏的单元格中，在【常用】插入栏中单击 Marquee 插件图标，如图 17-7 所示，打开【Marquee】对话框。
4. 在【Text】文本框中输入 "行业快讯"，在【BG Color】文本框中输入 "#b7de83"，在【Delay】下拉列表中选择 "60"，其余选项采用默认设置，然后单击 确定 按钮，如图 17-8 所示。

图17-7 插入 Marquee 插件

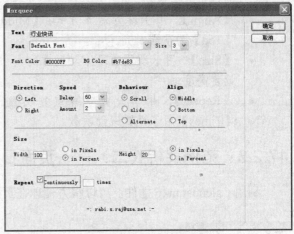

图17-8 设置参数

5. 按 Ctrl+S 组合键保存，按 F12 键预览文档，效果如图 17-9 所示。

图17-9 滚动字幕的效果

【知识链接】

【Marquee】对话框中各选项功能如下。

- 【Text】：用于输入欲添加滚动效果的字幕。
- 【Font】：用于设置字体。
- 【Size】：用于设置文本大小。
- 【Font Color】：用于设置文本颜色。
- 【BG Color】：用于设置字幕的背景颜色。
- 【Direction】：用于设置字幕的运动方向。【Left】为向左运动；【Right】为向右运动。
- 【Speed】：用于设置文字滚动的速度。【Delay】用于设置字幕停顿时间；【Amount】用于设置字幕的滚动速度。
- 【Behaviour】：用于设置字幕的运动方式。【Scroll】用于设置字幕朝同一个方向滚动；【Slide】用于设置接触字幕边框就停止滚动；【Alternate】用于设置字幕向相反的两个方向滚动。
- 【Align】：用于设置对齐方式。【Middle】为居中对齐；【Bottom】为底部对齐；【Top】为顶端对齐。
- 【Size】：用于设置字幕滚动区域的大小。【Width】用于设置宽度；【Height】用于设置高度。
- 【Repeat】：用于设置字幕重复次数。【Continuously】用于设置不停地滚动；【Times】用于设置滚动次数。

17.2.3　范例解析（二）——页面日历

利用 Calendar.mxp 插件，可以很方便地在页面中创建一个某年某月的日历。

范例操作

1. 双击"Calendar.mxp"文件，将 Calendar 插件安装到 Dreamweaver 8 中，如图 17-10 所示。
2. 打开"花草园地"站点内的"about_us.html"文档，将【常用】插入栏切换到【Calendar】插入栏，如图 17-11 所示。

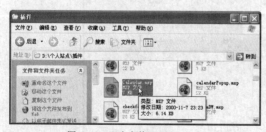

图17-10　双击安装 Calendar.mxp　　　　图17-11　切换到【Calendar】插入栏

3. 将鼠标光标置于页面右侧的单元格中，然后单击插入栏中的日历按钮 ①，打开【Calendar】对话框，设置参数如图 17-12 所示。
4. 设置完毕，单击 确定 按钮，返回到编辑窗口，这时可以看到在页面中插入了一个日历表格，如图 17-13 所示。

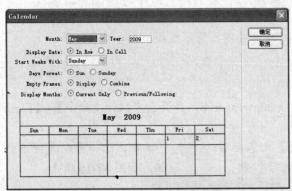
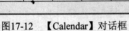

图17-12 【Calendar】对话框

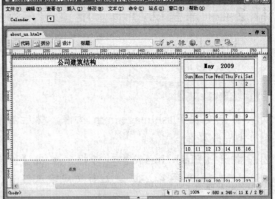

图17-13 插入日历表格

5. 选中日历，将多余的空行删除，此时的效果如图 17-14 所示。

6. 按 Ctrl+S 组合键保存，按 F12 键预览文档，效果如图 17-15 所示。

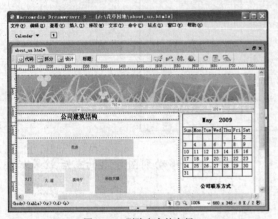

图17-14 删除多余的空行

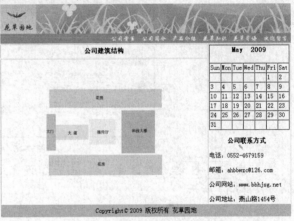

图17-15 预览效果

【知识链接】

【Calendar】对话框中各选项功能如下。

- 【Month】：选择要制作的月份。
- 【Year】：选择要制作的年份。
- 【Display Date】：选择日期显示方式。【In Row】按行显示；【In Cell】所有日期都显示在一格中，不分行。
- 【Start Weeks With】：设置每个星期从星期几开始，默认为 "Sunday" 即星期日。
- 【Days Format】：选择日期显示的格式，采用缩写或全称。
- 【Empty Frames】：设置日期轮空时单元格的处理方式。【Display】显示一个空格；【Combine】不显示空格，与其他单元格混在一起。
- 【Display Months】：设置显示的月份。【Current Only】只显示当前月份；【Previous/Following】前后两个月的也有部分日期被显示。

在网页中插入日历后，可以在日历中插入超级链接，链接到其他页面中去，如个人日记、博客等，起到导航的作用。

17.2.4　课堂练习——设置图片渐显效果

利用 FlashImage.mxp 插件可以制作出有 Flash 功能的图片显示效果。

操作提示

1. 首先安装 FlashImage.mxp 插件，然后启动 Dreamweaver 8，在页面中执行【命令】/【Flash Image】命令。

2. 打开【Flash Image】对话框，单击【Image】文本框后的 浏览… 按钮，选择素材文件中的 "bg.jpg" 图片，其余选项采用默认设置，然后单击 OK 按钮，如图 17-16 所示。

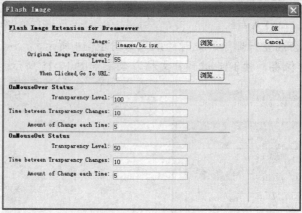

图17-16　设置参数

3. 按 Ctrl+S 组合键保存，按 F12 键预览文档，将鼠标指针移动到图片上的前后效果如图 17-17 所示。

图17-17　鼠标移动到图片上的前后效果

【知识链接】

在【Flash Image】对话框中，常用选项功能如下。

- 【Flash Image Extension for Dreamweaver】：用于设置图片效果。

  【Image】：用于设置图片地址。

  【Original Image Transparency Level】：用于设置图片初始状态的透明度，默认值为 "55"。

  【When Clicked,Go To URL】：用于设置单击图片时跳转的地址。

- 【OnMouseOver Status】：用于设置鼠标经过时的状态。

  【Transparency Level】：用于设置图片的透明度，默认值为"100"。

  【Time Between Transparency Change】：用于设置透明度变换的时间间隔。

- 【OnMouseOut Status】：用于设置鼠标离开时的状态。

  【Amount of Change each Time】：用于设置每次状态变化的时间。

17.3　课后作业

1. 利用 WordCount.mxp 插件统计页面中的字数。

操作提示

(1) 安装完"WordCount.mxp"插件后，打开一个 HTML 文档。

(2) 执行【命令】/【Word Count】命令，弹出字数统计的信息提示对话框，如图 17-18 所示。

2. 利用 typewriter.mxp 插件，在页面的层中以打字机效果输出文字。

图17-18　字数统计信息提示对话框

操作提示

(1) 确认安装了"typewriter.mxp"插件，然后在页面中插入一个层，选中层，展开【行为】面板，添加【yaromat】/【Typewrite】行为，如图 17-19 所示。

(2) 打开【Typewrite】对话框，在【Text】文本框中输入"公司建筑结构"，如图 17-20 所示，单击 确定 按钮。

图17-19　添加行为

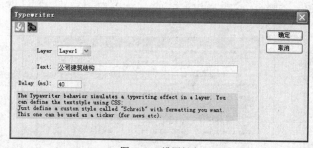

图17-20　设置行为

【Layer】：可以在其下拉列表中选择层名。

　　　　　　【Text】：输入欲显示效果的文本。

　　　　　　【Delay（ms）】：用于设置延迟的时间。

(3) 在【行为】面板中，将事件更改为"onMouseDown"，完成设置。

第 **18** 讲

综合实例

【学习目标】

- 个人主页给用户一个展现个人创意的空间，风格与特色任由自己选择。

- 通过 ASP 和 Access 结合使用，可以制作动态更新的页面信息。

- 在 Internet 上申请一个空间将自己的网站发布到网络上，让浏览者访问。

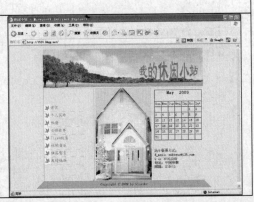

18.1 综合实例一——设计个人主页

综合前面章节所学的知识，制作一个个人休闲主页。

18.1.1 知识点讲解

一、设计分析

个人主页的设计可以不受任何规范的约束，设计者可以完全按照自己的想法进行设计，充分表现自己的创意和个性。但要设计一个优秀的页面还需要广泛的知识、良好的审美观、精心的投入，这都需要不断地积累与摸索。

一般来说，设计个人主页要注意以下几个问题。

(1) 定位明确、主题突出

主题是指网页所要表达的思想内涵，它是网页的灵魂。网站设计表达的是一定的意图和要求，要有明确的主题。设计者可以通过对网页构成元素进行条理性处理，更好地营造出符合设计目的的环境，突出主题，增强浏览者对网页的注意力，增进对网页内容的理解。比如可以把主题定位在自我展示、交友、爱好或者摄影等比较小的主题上，最好是自己感兴趣的内容。

(2) 内容与形式统一

设计网页不能只求花哨的页面，过于强调独特而脱离内容；或者只求内容而缺乏艺术的表现。要确保网页上的每一个元素都有存在的必要性，不要为了炫耀而使用冗余的技术，那样得到的效果可能会适得其反。

(3) 结构清晰、便于浏览

在设计网页时，要强调页面各组成部分的共性因素或者使各部分共同含有某种形式特征，同时要将各个组成部分放在合理的位置上，这就是整体布局。一个合理的布局可使网页内容显得清晰、有条不紊，并有很强的层次感，方便查看内容。有了整体性强的布局，才能让浏览者更容易理解和接受网页的主题。

(4) 文字与图像的编排适当

页面中的文字和图片搭配要适当，不要整个页面全是密密麻麻的文字，让人看了没有耐心读下去。同时还要设计一下文字的样式，使文字易于阅读，不刺眼。使用图片之前最好处理一下，以适合页面的要求。页面中文字和图片最好是穿插混排。

结合以上几点，设计者可以先用笔在纸上勾勒出主页面的大概草图，设计好栏目和板块，然后将各功能模块安排到页面上，并反复调整直到满意为止，最后将定格的方案用计算机来实现。

二、准备工作

主页面的结构被定格以后，可以动手准备网页素材了。

(1) 文本

文本是页面信息最重要的部分，也是最常用的表达手段。文本内容可以自己撰写或者从网络转载，转载时要注明出处。

(2) 图像

如果页面中没有图像，就会缺少生机，让读者兴趣减半，有时会使读者没有读下去的耐心。图像内容可以借助 Photoshop 等软件处理，以符合页面表达的要求。

(3) 动画、音频、视频

为了使页面充满活力，丰富多彩，用户可以适当地在页面中添加动画、音频和视频等元素，用于表达主题。

(4) 建立站点

为了存放和管理页面文件和素材，需要先建立一个站点，本讲来创建一个名为"myweb"的本地站点，如图 18-1 所示。

同时为了避免文件和素材放置混乱，需要在"myweb"根目录下，再建立几个子文件夹用于存放不同类别的素材，如创建"images"文件夹来存放图片，创建"media"文件夹来存放多媒体文件等。

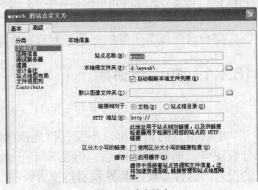

图18-1　建立站点

18.1.2　范例解析（一）——制作首页

本例要制作的首页效果如图 18-2 所示。

图18-2　首页效果

范例操作

1. 启动 Dreamweaver 8，新建一个 HTML 文档，将其命名为"index.html"保存到"myweb"站点根目录下。

> **要点提示**　一般静态网站的首页名称都是"index.html"或"index.htm"，这是因为在一般情况下当浏览器打开一个网站时都会先自动寻找这两个文件。动态的 ASP 网站首页一般以"index.asp"命名。

2. 在首页的【属性】面板中单击 页面属性... 按钮，打开【页面属性】对话框，在【外观】分类中，设置参数如图 18-3 所示，然后单击 确定 按钮退出。

3. 执行【插入】/【表格】命令，在页面中插入一个 1 行 1 列的表格作为头部，设置【表格宽度】为"646"像素，如图 18-4 所示。

图18-3 设置页面属性　　　　　图18-4 插入头部表格

4. 将表格设置为"居中对齐"，然后将鼠标光标置于表格内，执行【插入】/【图像】命令，在打开的对话框中选中"myweb"站点的"image"文件夹内的"topbanner.jpg"文件，单击 确定 按钮后将图片插入到表格中，如图 18-5 所示。

图18-5 插入头部图片

5. 在头部表格后面，再插入一个 1 行 3 列的表格，参数设置如图 18-6 所示。
6. 将表格居中对齐，设置第 1 个和第 3 个单元格的【宽】都为"200"像素，如图 18-7 所示。

图18-6 插入中间表格　　　　　图18-7 设置单元格宽度

7. 在中间的单元格中插入图片"family.jpg"，并设置其为"居中对齐"，如图 18-8 所示。
8. 在左边的单元格中插入一个 16 行 2 列的表格，设置【表格宽度】为"100%"，用于制作导航栏，如图 18-9 所示。

195

图18-8 插入中间图片

图18-9 插入一个 16 行 2 列的表格

9. 选中左边一列，在【属性】面板中将【宽】设置为"25"像素，并在每个奇数行的第 1 个单元格中插入图片"leaf.jpg"，效果如图 18-10 所示。

图18-10 设置列

10. 将每个偶数行的两个单元格选中，然后单击【属性】面板上的□按钮，将它们合并，并插入图片"dh_line.gif"，效果如图 18-11 所示。

11. 将鼠标光标置于第 1 行的第 2 个单元格中，执行【插入】/【媒体】/【Flash 文本】命令，打开【插入 Flash 文本】对话框，设置参数如图 18-12 所示。

图18-11 插入导航栏的分隔线

图18-12 插入 Flash 文本

要点提示 此处 Flash 文本的【背景色】设置为"eee3c5"，是为了让 Flash 文本的背景色与页面的背景色相同，消除背景色的影响。

12. 单击 ⬚确定⬚ 按钮，即在导航栏插入了一个 Flash 文本，如图 18-13 所示。

13. 用同样的方法插入其他 Flash 文本，并设置不同的链接目标，最终效果如图 18-14 所示。

14. 在首页右侧的单元格中插入一个 2 行 1 列的表格，设置【表格宽度】为 "95%"，如图 18-15 所示。

图18-13　插入首页导航项　　　图18-14　插入其他导航项　　　图18-15　插入一个 2 行 1 列的表格

15. 将表格设置为 "居中对齐"，然后将鼠标光标置于第 1 个单元格中，将【常用】插入栏切换到【Calendar】插入栏，然后单击 1️⃣ 按钮，如图 18-16 所示。

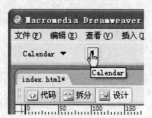

图18-16　插入 Calendar

要点提示 若读者的计算机中没有安装 Calendar 插件，可打开素材文件 "个人站点\插件\Calendar.mxp"，自行安装。

16. 在打开的【Calendar】对话框中设置参数，如图 18-17 所示，单击 ⬚确定⬚ 按钮。

17. 这样就在页面中插入了一个日历，将其中空白行删除，最终效果如图 18-18 所示。

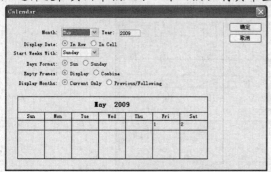

图18-17　设置 Calendar　　　　　　　　　　　　　　　图18-18　插入日历的效果

18. 在日历下面的单元格中输入如图 18-19 所示的文本内容，并进行简单排版。

19. 在中间表格的后面插入一个 1 行 2 列的表格，设置【表格宽度】为 "706" 像素，如图 18-20 所示。

图18-19　输入联系方式

图18-20　插入底部表格

20. 将表格居中对齐，将左边第 1 个单元格的宽度设置为"30"像素，插入图片"left.JPG"，并将图片的【宽】和【高】都设置为"30"像素，如图 18-21 所示。

图18-21　插入左脚图片

21. 同样，将右边第 1 个单元格的宽度设置为"30"像素，插入图片"right.JPG"，并将图片的【宽】和【高】都设置为"30"像素，如图 18-22 所示。

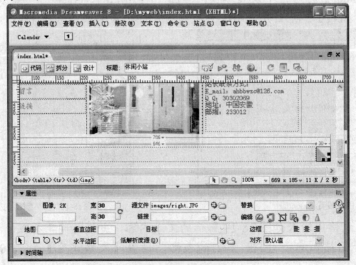

图18-22　插入右脚图片

22. 将中间单元格的背景色设置为"#00FE81",与两边的图片颜色相同,并输入一些版权信息,插入版权符,结果如图 18-23 所示。

图18-23 版权区信息

23. 按 Ctrl+S 组合键保存,按 F12 键预览文档,效果如图 18-2 所示。

18.1.3 范例解析(二)——制作模板

为了方便其他几个子网页的制作,本节先来创建一个模板。

范例操作

1. 打开"index.html"文档,执行【文件】/【另存为模板】命令,将该文档保存为"myweb"站点下的模板,如图 18-24 所示。
2. 在弹出的更新链接信息提示框中,单击 是(Y) 按钮,如图 18-25 所示。

图18-24 保存为模板

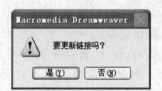

图18-25 更新链接

3. 此时的"index.html"文档就变成名为"moban.dwt"的模板文件了,如图 18-26 所示。
4. 将中间表格的后两个单元格的内容删除并将单元格合并,如图 18-27 所示。

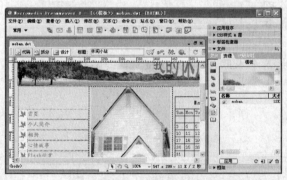

图18-26 模板文档

图18-27 调整结构

5. 将鼠标光标置于空单元格内,执行【插入】/【模板对象】/【可编辑区域】命令,在弹出的【新建可编辑区域】对话框中,将【名称】改为"concent",然后单击 确定 按钮,如图 18-28 所示。
6. 模板创建完成,如图 18-29 所示,按 Ctrl+S 组合键保存。

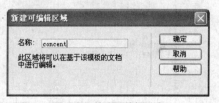

图18-28 命名可编辑区域

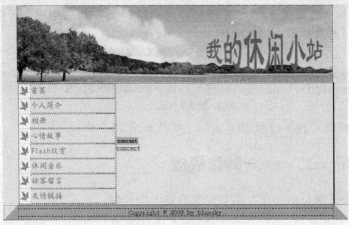

图18-29　模板文件

18.1.4　范例解析（三）——制作子页面

利用模板快速创建其他子页面，此处的子页面都是基于静态的简单页面。

范例操作

1. 制作个人简介页面。

(1) 在 Dreamweaver 8 窗口中执行【文件】/【新建】命令，打开【新建文档】对话框，切换到【模板】选项卡，依次选择【站点"myweb"】/【moban】，然后单击 创建(R) 按钮，如图 18-30 所示。

(2) 将文档保存为 "jianjie.html"，将可编辑区的 "concent" 删除，插入一个 5 行 3 列的表格，参数设置如图 18-31 所示。

图18-30　从模板新建文档

(3) 将表格居中对齐，将左边一列单元格合并后插入个人照片 "person.gif"，将右边后两行分别合并单元格后，输入文本，如图 18-32 所示。

图18-31　插入一个 5 行 3 列的表格

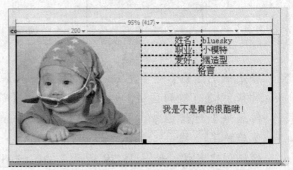

图18-32　个人简介的可编辑内容

(4) 按 Ctrl+S 组合键保存，按 F12 键预览文档，效果如图 18-33 所示。

2. 制作相册页面。

(1) 利用模板创建一个文档，保存为"photo.html"，在可编辑区插入一个6行3列的表格，如图18-34所示。

图18-33　jianjie.html

图18-34　插入一个6行3列的表格

(2) 将中间一列空着，然后在奇数行插入图片，偶数行输入文字说明，效果如图18-35所示。

3. 制作心情故事页面。

(1) 利用模板创建一个文档，保存为"story.html"，在可编辑区插入一个4行1列的表格，参数设置如图18-36所示。

(2) 将表格居中对齐，可以在每一行中输入不同的内容，主要是个人信笔涂鸦的内容，最终效果如图18-37所示。

图18-35　photo.html

图18-36　插入一个4行1列的表格

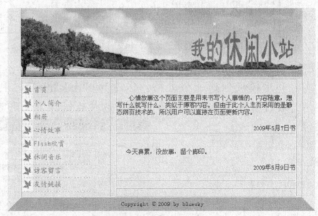

图18-37　story.html

4. 制作Flash页面。

利用模板创建一个文档，保存为"flash.html"，在可编辑区插入一个2行1列的表格，在上面一行输入文本内容，在下面一行插入Flash，调整Flash的【宽】为"450"像素，最终效果如图18-38所示。

5. 制作音乐页面。

(1) 利用模板创建一个文档，保存为"music.html"，在可编辑区插入一个 5 行 2 列的表格，排版后输入如图 18-39 所示的文本内容。

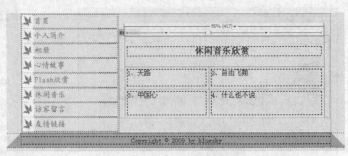

图18-38　flash.html　　　　　　　　　　　图18-39　music.html

(2) 选中"天路"文本，添加超级链接到"韩红-天路.mp3"音乐文件，如图 18-40 所示。

(3) 同样的方法将其他 3 项内容也添加超级链接到相应的音乐文件。

6. 制作留言页面。

利用模板创建一个文档，保存为"guestbook.html"，在可编辑区插入一个表单，再插入一个 3 行 2 列的表格，然后在表中输入文本并插入对应的文本域，最后添加一个提交按钮和一个重置按钮，最终效果如图 18-41 所示。

图18-40　添加超级链接到音乐文件　　　　　　图18-41　guestbook.html

7. 制作链接页面。

利用模板创建一个文档，保存为"link.html"，利用【表单】插入栏插入一个跳转菜单，参数设置如图 18-42 所示，设置完成后保存页面即可。

图18-42　插入跳转菜单

至此，子网页制作完成，预览主页，然后单击各子页面查看效果。

【知识链接】

通过本例的学习，读者可以了解个人主页制作的基本过程，其中前期设计是一个比较关键的环节，结构布局设计好之后就可以使用 Dreamweaver 8 来实现了。为了使各子网页具有统一的风格，用户可以使用模板功能来创建子页面。

此例是基于静态页面的一个简单实例，操作比较简单，目的是为了让读者了解这样一个过程，读者如果感兴趣可以在此基础上进一步扩展延伸。

18.2   综合实例二 ——制作留言本

本节将结合 Access 数据库和 ASP 知识，制作一个动态的留言本。

18.2.1   知识点讲解

数据库是为了实现一定的目的按某种规则组织起来的数据集合。一个数据库可以包含多个表，表是一种结构化的文件，可用来存储某种特定类型的数据。表由多个列组成，一个列就是一个字段，一个字段代表一种数据类型。表中的数据是按行有序存储的，一行就是一条记录。

我们经常听说的 Access、MySQL、SQL Server、Oracle 等都是数据库的管理系统，它们是用来创建数据库、存储数据的，其中以 Access 数据库较为简单。本例中的数据库就用 Access 来创建的，此数据库只有一个表 "liuyan"，表中含有如下字段。

- 姓名（name）：用于存放留言者姓名。
- 地址（address）：用于存放留言者联系地址。
- 邮箱（email）：用于存放留言者电子邮箱地址。
- 内容（content）：用于存放留言者具体的留言内容。
- 日期（lydate）：用于存放留言者发言时间和日期。

本例留言本的设计思路是：制作一个用于提交留言信息的 ASP 页面，通过表单将留言信息提交到服务器，将数据存入数据库，完成后自动跳转到一个显示所有留言信息的页面，通过此页面可以查看以往所有的留言信息。整个过程主要包含 3 个文件。

- guestbook.asp: 访客留言的页面，提交后，将数据存入数据库。
- show.asp: 显示所有留言信息的页面。
- guestbook.mdb: 数据库文件，用于存放用户的留言信息。

18.2.2   范例解析（一）——创建动态站点

为了支持动态页面需要先创建一个动态站点，在前面章节的学习过程中，已经将 IIS 服务设置好了，下面可以直接在根目录下创建一个动态站点 "guestbook"。

范例操作

1. 在 Dreamweaver 8 窗口中执行【站点】/【新建站点】命令，打开站点定义对话框，将站点命名为 "guestbook"，如图 18-43 所示，然后单击 下一步(N) > 按钮。
2. 在打开的对话框中点选【是，我想使用服务器技术。】单选按钮，然后在【哪种服务器技术？】下拉列表中选择 "ASP VBScript"，如图 18-44 所示，然后单击 下一步(N) > 按钮。

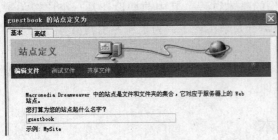

图18-43　定义站点

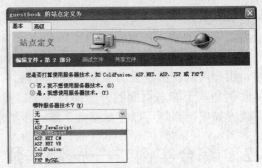

图18-44　选择"ASP VBScript"动态技术

3.　在打开的对话框中点选【在本地进行编辑和测试（我的测试服务器是这台计算机）】单选按钮，然后将存放位置设置在 IIS 的根目录下，如图 18-45 所示，单击 下一步(N) > 按钮。

4.　在打开的对话框中单击 测试 URL(T) 按钮，进行测试，弹出成功的信息提示对话框，如图 18-46 所示，单击 确定 按钮，继续单击 下一步(N) > 按钮。

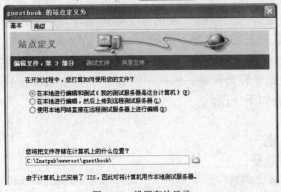

图18-45　设置存放目录

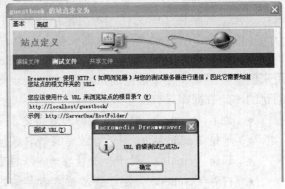

图18-46　成功信息提示

5.　在打开的对话框中点选【否】单选按钮，继续单击 下一步(N) > 按钮，如图 18-47 所示。

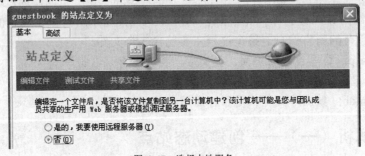

图18-47　选择本地服务

6.　在打开的对话框中单击 确定 按钮，完成动态站点"guestbook"的配置。

18.2.3　范例解析（二）——创建数据库

创建 Access 数据库的具体操作方法如下。

 范例操作

1.　在 Windows 桌面上执行【开始】/【所有程序】/【Microsoft Office】/【Microsoft Office Access】命令，启动 Access。

2.　在打开的【Microsoft Access】窗口中执行【文件】/【新建】命令，然后在窗口右侧的【新建文件】列表中单击"空数据库"项，打开【文件新建数据库】对话框，将【保存位置】设置为上面创建的动态站点，即"C:\Inetpub\wwwroot\guestbook\"，将【文件名】设置为"guestbook.mdb"，然后单击 创建(R) 按钮。

3.　打开数据库管理窗口，双击【使用设计器创建表】选项，如图 18-48 所示，打开表设计窗口。

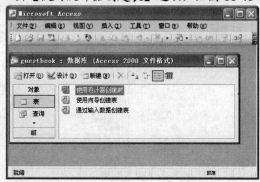

图18-48　使用设计器创建表

4.　先在【字段名称】下面的第 1 个单元格中输入"id"，然后再单击【数据类型】下的第 1 个单元格，在打开的下拉列表中选择"自动编号"，如图 18-49 所示。

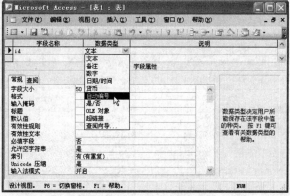

图18-49　创建"id"字段

5.　在【字段名称】下面的第 2 个单元格中输入"name"，设置【数据类型】为"文本"，在【常规】面板中，设置【默认值】为""匿名""，【允许空字符串】为"是"，如图 18-50 所示。

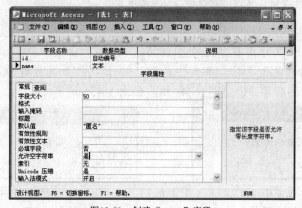

图18-50　创建"name"字段

6. 继续输入字段 "address"，在【常规】面板中，设置【字段大小】为 "100"，【允许空字符串】为 "是"，如图 18-51 所示。

7. 继续输入字段 "content"，在【常规】面板中，设置【字段大小】为 "255"，【允许空字符串】为 "否"，如图 18-52 所示。

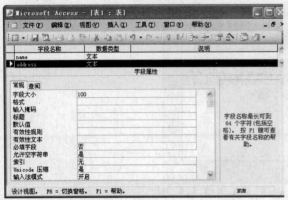
图18-51　创建 "address" 字段

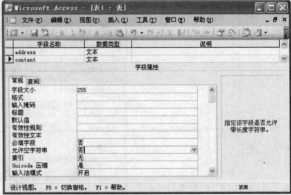
图18-52　创建 "content" 字段

8. 继续输入字段 "email"，设置【字段大小】为 "50"，【允许空字符串】为 "是"，如图 18-53 所示。

9. 继续输入字段 "lytime"，设置【数据类型】为 "日期/时间"，【默认值】为 "Now( )"，如图 18-54 所示。

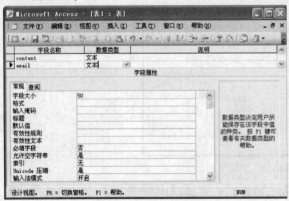
图18-53　创建 "email" 字段

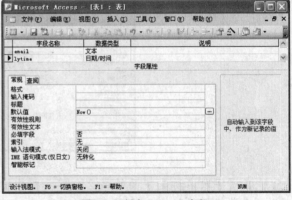
图18-54　创建 "lytime" 字段

> **要点提示** "Now( )" 是一个函数，可以调用它来获取当前服务器的日期和时间。

10. 字段输入完毕，单击设计器右上角的 ⊠ 按钮，关闭设计器，此时弹出一个如图 18-55 所示的信息提示框，询问是否保存，单击 是(Y) 按钮，打开【另存为】对话框，设置【表名称】为 "liuyan"，然后单击 确定 按钮，如图 18-56 所示。

图18-55　保存设计

图18-56　保存表

11. 此时又弹出如图 18-57 所示信息提示框，单击 是(Y) 按钮即可。

图18-57 定义主键

12. 这样 Access 数据库就创建好了，如图 18-58 所示。

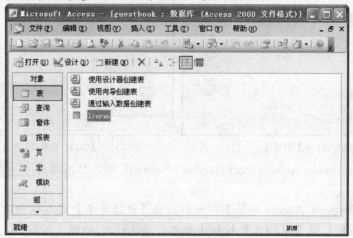

图18-58 创建完成的表

18.2.4 范例解析（三）——连接数据库

数据库建立好之后，需要与站点连接，下面来介绍连接数据库的方法。

1. 在编辑窗口中执行【窗口】/【数据库】命令，调出【数据库】面板，如图 18-59 所示。
2. 单击【数据库】面板上的 ➕ （添加数据库）按钮，在弹出的下拉菜单中选择【数据源名称（DSN）】命令，如图 18-60 所示，打开【数据源名称（DSN）】对话框。

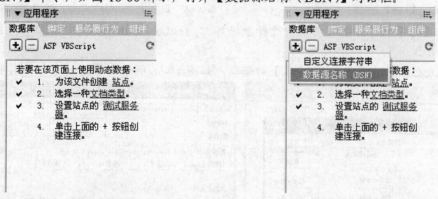

图18-59 【数据库】面板　　　　　　　　　　　图18-60 添加数据源

3. 在【连接名称】文本框中命名此次连接的名称为"conn"，由于是首次连接数据库，因此【数据源名称】下拉列表为空，单击 定义... 按钮，如图 18-61 所示，打开【ODBC 数据源管理器】对话框。

4.   切换到【系统 DSN】选项卡，单击 添加(D)... 按钮，如图 18-62 所示，打开【创建新数据源】对话框。

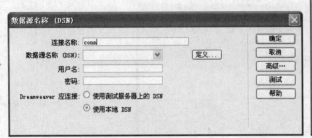

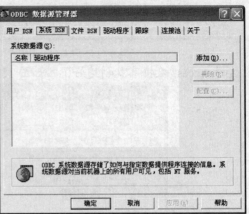

图18-61   【数据源名称】对话框   图18-62   【ODBC 数据源管理器】对话框

5.   在列表框中选择 "Driver do Microsoft Access（*.mdb）" 项，然后单击 完成 按钮，如图 18-63 所示。

6.   打开【ODBC Microsoft Access 安装】对话框，在【数据源名】文本框中输入前面创建的数据库名 "guestbook"，在【数据库】按钮组中单击 选择(S)... 按钮，如图 18-64 所示。

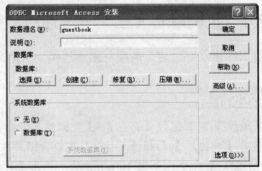

图18-63   【创建新数据源】对话框   图18-64   【ODBC Microsoft Access 安装】对话框

7.   在打开的【选择数据库】对话框中选择数据库 "guestbook.mdb"，单击 确定 按钮，如图 18-65 所示。

8.   返回【ODBC Microsoft Access 安装】对话框，如图 18-66 所示，单击 确定 按钮。

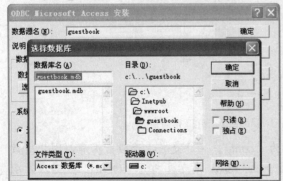

图18-65   选择数据库   图18-66   返回【ODBC Microsoft Access 安装】对话框

9. 返回【ODBC 数据源管理器】对话框，此时新建的系统数据源已经出现在列表中了，如图 18-67 所示，单击 确定 按钮。

10. 此时新建的数据源名称出现在【数据源名称】下拉列表框中，如图 18-68 所示。

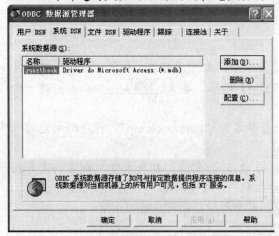

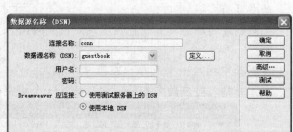

图18-67　返回【ODBC数据源管理器】对话框　　　　图18-68　连接数据源

11. 为了测试连接收否成功，单击 测试 按钮，弹出如图 18-69 所示的信息提示对话框，表示连接成功，单击 确定 按钮关闭提示对话框。

图18-69　测试连接

12. 在【数据源名称（DSN）】对话框中，单击 确定 按钮，返回到编辑窗口，此时数据库连接已出现在【数据库】面板中，如图 18-70 所示。

13. 与此同时，在站点的根目录下自动生成一个连接文件夹"Connections"，并在文件内自动生成一个连接文件"conn.asp"，如图 18-71 所示。

图18-70　数据库连接　　　　图18-71　自动生成的连接文件

18.2.5　范例解析（四）——创建留言页面

制作留言页面 "guestbook.asp"。

范例操作

1. 在 Dreamweaver 8 窗口中执行【文件】/【新建】命令，打开【新建文档】对话框，在【常规】选项卡中依次选择【动态页】/【ASP VBScript】选项，单击 创建(R) 按钮，创建一个动态页面。

2. 将新创建的动态页背景色设置为 "#CCFFFF"，并命名为 "guestbook.asp"，保存到动态站点内。

3. 在页面中插入一个表单，在表单中插入一个 4 行 2 列的表格，在表中输入相应的文本内容，并插入对应的文本域，然后插入一个提交按钮和一个重置按钮，如图 18-72 所示。

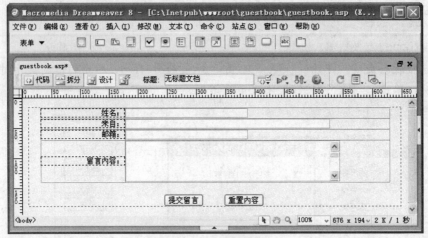

图18-72　提交留言页面

4. 各个文本域的属性设置如表 18-1 所示。

表 18-1　　　　　　　　　　留言页面的表单对应的属性参数

文本内容	姓名	来自	邮箱	留言内容
文本域名称	name	address	email	content
类型	单行	单行	单行	多行（5 行）
字符宽度	30	50	30	50

要点提示　此页面的表单对象的添加、属性设置方法可以参考 15.2.2 节。

5. 按 Ctrl+S 组合键保存，按 F12 键预览文档效果。

18.2.6　范例解析（五）——插入记录集

下面来介绍如何利用留言页面向数据库插入数据。

 范例操作

1. 在 "guestbook.asp" 文档的编辑窗口中执行【窗口】/【服务器行为】命令，调出【服务器行为】面板，单击面板上的 (添加服务器行为) 按钮，在弹出的下拉菜单中选择【插入记录】命令，如图 18-73 所示。

图18-73　添加插入记录行为

2. 打开【插入记录】对话框，如图 18-74 所示。

3. 在【连接】下拉列表中选择上面创建的连接 "conn"；在【插入到表格】下拉列表中选择 "liuyan"；在【插入后，转到】文本框中输入 "show.asp"，这样提交留言后将直接跳转到留言查看页面；在【获取值自】下拉列表中选择 "form1"；在【表单元素】列表框中选择 "name<忽略>"；在【列】下拉列表框中选择 "name"，在【提交为】下拉列表框中选择 "文本"。

4. 用同样的方法，将其他几个【表单元素】与【列】对应起来，最终结果如图 18-75 所示。

图18-74　【插入记录】对话框

图18-75　设置插入记录

5. 单击 确定 按钮，关闭对话框，按 Ctrl+S 组合键保存至 "guestbook.asp" 文件。至此完成了提交留言的工作。

18.2.7　范例解析（六）——显示记录

下面来制作显示页面并显示留言信息。

范例操作

1.　在 Dreamweaver 8 窗口中执行【文件】/【新建】命令，打开【新建文档】对话框，在【常规】选项卡中依次选择【动态页】/【ASP VBScript】选项，创建一个动态页面。

2.　将新创建的动态页背景色设置为 "#CCFFFF"，标题设置为 "留言信息"，并命名为 "show.asp"，保存到动态站点内。

3.　在页面中插入一个 1 行 1 列的表格，设置【表格宽度】为 "600" 像素，居中对齐，并插入图片 "top.jpg"，如图 18-76 所示。

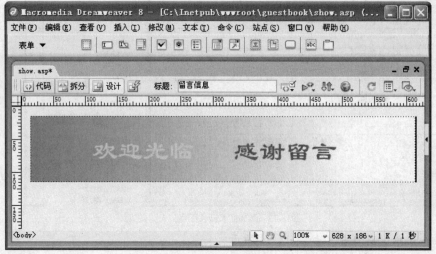

图18-76　页面的头部

4.　在顶部表格后面插入一个 3 行 2 列的表格，设置【表格宽度】为 "600" 像素，【边框粗细】为 "1" 像素，将第 3 行合并，并在前两行输入如图 18-77 所示的文本。

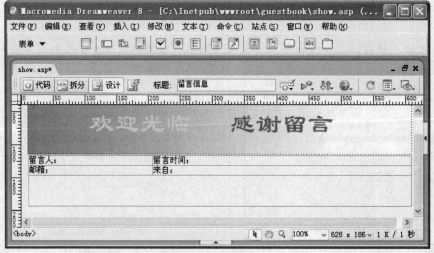

图18-77　显示内容表格

5.　再插入一个 1 行 1 列的表格，设置【宽】为 "600" 像素，【高】为 "40" 像素，【背景颜色】为 "#0099CC"，在表格右下角输入文本 "我要留言"，并插入超级链接到 "guestbook.asp"，如图 18-78 所示。